普通高等院校“十四五”计算机基础系列教材

Python 程序设计实践指导

孙占锋　王鹏远　李　萍　等◎编著

中国铁道出版社有限公司
CHINA RAILWAY PUBLISHING HOUSE CO., LTD.

内 容 简 介

本书是与《Python 程序设计》（苏虹等编著，中国铁道出版社有限公司出版）配套的实践指导教材。书中内容与主教材相对应，通过必要的实例及操作步骤，加深对教材内容的理解，强化程序设计方法和编程技能，培养读者利用计算机的编程思想和方法解决实际问题的能力。全书主要包括 Python 语言的语法基础、程序的流程控制、函数的概念及使用要点、组合数据结构的使用、文件和数据库的基本操作、面向对象编程、图形界面设计等内容，还介绍了网络爬虫、科学计算与数据分析及数据可视化等内容。

本书以 Python IDLE 为主要编译环境，选择丰富的实例进行讲解，主要目的是让读者熟悉 Python 编程的基本思想，掌握 Python 编程的基本技能，突出对 Python 数据分析与可视化编程综合应用能力培养。

本书适合作为普通高等院校各专业程序设计课程的实验教材，也可作为程序爱好者的自学读物。

图书在版编目（CIP）数据

Python 程序设计实践指导/孙占锋等编著. —北京：中国铁道出版社有限公司，2023.2（2023.12 重印）

普通高等院校“十四五”计算机基础系列教材

ISBN 978-7-113-29914-9

Ⅰ.①P… Ⅱ.①孙… Ⅲ.①软件工具-程序设计-高等学校-教材 Ⅳ.①TP311.561

中国版本图书馆 CIP 数据核字(2023)第 012553 号

书　　名：Python 程序设计实践指导

作　　者：孙占锋　王鹏远　李　萍　等

策　　划：韩从付　　　　编辑部电话：（010）51873202

责任编辑：刘丽丽

封面设计：郑春鹏

责任校对：安海燕

责任印制：樊启鹏

出版发行：中国铁道出版社有限公司（100054，北京市西城区右安门西街 8 号）

网　　址：http://www.tdpress.com/51eds/

印　　刷：三河市国英印务有限公司

版　　次：2023 年 2 月第 1 版　2023 年 12 月第 2 次印刷

开　　本：787 mm×1 092 mm　1/16　印张：12.5　字数：299 千

书　　号：ISBN 978-7-113-29914-9

定　　价：35.00 元

前言

Python 是当下非常热门的一种编程语言。2021 年 10 月，语言流行指数的编译器 TIOBE 编程语言排行榜将 Python 评选为最受欢迎的编程语言，20 年来首次将其置于 Java、C 和 JavaScript 之上。随着 Python 扩展库不断发展壮大，Python 在科研、电子、政务、数据分析、Web、金融、图像处理、AI 技术等方面都有强大的类库、框架和解决方案。我们国家这两年对人工智能、大数据的重视，极大地促进了 Python 语言在国内的发展。

对于非计算机专业的学生来说，用 Python 作为程序设计语言启蒙是非常好的选择。Python 语言的优势在于比 C++/Java 等传统静态语言更具有实用性，不局限在繁杂的语法中，可以专注于程序设计思想及计算思维的训练。

本书的编者一直工作于高等学校教学一线，承担程序设计课程教学多年的教师，有着丰富的教学和编程经验。程序设计课程有着理论与实践紧密结合的特点，程序不是看会的，而是动手编程才能掌握的。学习程序设计的过程是一个学习者与教师、学习者与教材交互的过程，这需要有一本好的教材，再遵照一定的学习规律来很好地完成。本书的编写参考多个高等院校程序设计课程教学大纲，与教育部高等学校大学计算机课程教学指导委员会对程序设计课程的要求保持高度一致，章节结构安排合理，内容层次分明，从认识、了解、掌握、应用等几个层次，由浅入深、循序渐进地组织内容，有助于学生快速掌握知识要点。书中的实例都是精心挑选和设计的，具有新颖性、代表性、典型性，并且在 Python 3.9 以上版本中全部调试通过。Python 3.9 以上版本是全国计算机等级考试二级 Python 推荐使用的版本。

本书配合《Python 程序设计》（苏虹等编著，中国铁道出版社有限公司出版）使用，在章节上与主教材相对应，通过丰富的实例及其操作步骤，加深读者对教材内容的理解，使读者能够掌握教材中的相关知识，熟练、灵活运用程序设计的基本思想、原理和方法解决实际问题。

本书着重介绍核心语法，以培养编程能力为首要目标，力求较全面地介绍 Python 程序设计语言的知识点，力争将本书打造成学习者由浅入深进行学习的第一本参考书。本书内容可使读者掌握 Python 程序设计的基本方法和技能，编写简单的应用程序。为了满足更高层次的要求，对 Python 在数据分析与可视化方面进行了详细介绍，突出在 Python 数据分析与可视化方面综合应用能力的培养。

本书共包括 21 个实验，将 Python 语言的内容由浅入深、层次分明地呈现给读者。每个实验既有逻辑清晰的语法讲解，又有丰富的编程实例，非常适合编程初学者计算思维模式的培养及训练。

本书主要内容如下：

实验 1　Python 的开发环境：介绍 Python 的开发环境 IDLE、PyCharm 和 Anaconda 的安装、配置和使用方法。

实验 2　turtle 绘图：介绍 turtle 库的使用和 turtle 库中常用的画图方法。

实验 3　Python 数据类型与表达式：介绍 Python 中使用的各种数据类型、运算符、表达式以及常用的系统函数和数据的输入/输出。

实验 4　Python 中的常用库函数：介绍各种常用库函数（如数学函数、随机数、时间等）的功能和使用方法。

实验 5　选择结构：介绍 Python 语言选择结构的使用方法和特点。

实验 6　循环结构：介绍 Python 语言循环结构的使用方法和特点。

实验 7　列表与元组：介绍 Python 语言中列表和元组的定义、引用、切片、列表推导式和生成品推导式的使用等操作。

实验 8　字典与集合：介绍字典与集合的概念，以及字典与集合的创建、元素引用、相关运算符与内置函数的操作、常用的方法等。

实验 9　函数（一）：介绍内部函数的定义、调用和参数传递、函数的参数类型以及 lambda 表达式。

实验 10　函数（二）：介绍递归函数、高阶函数的定义与调用和 Python 中常用的高阶函数以及 Python 中模块的使用。

实验 11　字符串：介绍字符串的创建、索引、编码、运算符和内置函数对字符串的操作、字符串对象的常用方法等。

实验 12　正则表达式：介绍正则表达式的元字符、常用的正则表达式、正则表达式模块等的使用方法。

实验 13　错误和异常处理：介绍常见的程序错误及解决方法、异常处理的 try...except 语句，以及断言处理的 assert 语句和 AssertionError 类的使用。

实验 14　文件：介绍文件的使用、读/写操作、jieba 库的使用、CSV 文件的读/写操作方法。

实验 15　Python 数据库编程：介绍数据库的相关知识以及 Python 下 SQLite 数据库数据的插入、查询、更新和删除操作。

实验 16　面向对象程序设计基础：介绍类与对象的定义、创建和使用，还介绍属性和方法、继承和多态，并给出相应的面向对象的编程实例供读者理解学习。

实验 17　tkinter 图形界面设计：介绍 Python 中用于创建图形化用户界面的 tkinter 库，介绍如何创建 Windows 窗口、常用 tkinter 组件的使用以及 Python 事件处理方法。

实验 18　网络爬虫入门：介绍相关 HTTP 协议知识、urllib 基本应用与爬虫案例、requests 基本操作与爬虫案例、Beautiful Soup 基本操作与爬虫案例。

实验 19　Python 科学计算与数据分析：介绍 NumPy 科学计算库及其扩展库 pandas

的基本使用方法。

实验 20　数据可视化：介绍 matplotlib 绘图库的基本使用。

实验 21　综合实验：通过两个实例，介绍使用爬虫爬取网络数据，通过对数据的组织和清洗，得到目标数据，然后对目标数据进行简单的数据分析与可视化。

以上各部分都可以独立教学，自成体系，读者可根据学习时间、专业情况、设计要求适当选取章节进行阅读学习。

本书由郑州轻工业大学孙占锋、王鹏远、李萍、韩怿冰、苏虹和高璐编著。各章编著分工如下：实验 1、2、4、9、10、17 由王鹏远编著，实验 3、7、16 由苏虹编著，实验 5、6、8、13 由李萍编著，实验 11、12、18 由韩怿冰编著，实验 14、19、20、21 由孙占锋编著，实验 15 由高璐、王鹏远编著。在组织编著过程中，王鹏远负责本书的架构计划，苏虹和孙占锋负责本书的统稿工作。

在本书的编写过程中参考了许多同行的著作，在此一并感谢。同时感谢郑州轻工业大学和中国铁道出版社有限公司的大力支持，感谢各位编辑的辛苦工作，正由于大家的帮助和支持，才使本书得以出版。

由于编者学识有限，加之时间仓促，书中难免存在疏漏之处，恳请各位读者批评指正。

编　者

2022 年 11 月

目 录

实验 1

Python 的开发环境 «‹

一、实验目的

- 了解并掌握 Python 的运行环境。
- 了解 Python 程序的运行机制。
- 熟练掌握 IDLE、PyCharm 和 Anaconda 集成开发环境的使用方式。

二、实验学时

1 学时。

三、实验预备知识

1. 编译型语言与解释型语言

计算机是不能够识别高级语言的，所以当运行一个高级语言程序的时候，就需要一个“翻译机”来将高级语言转变成计算机能读懂的机器语言。这个过程分成两类：一种是编译，另一种是解释。

编译型语言在程序执行之前，先通过编译器对程序执行一个编译的过程，把程序转变成机器语言。运行时就不需要翻译，直接执行即可。最典型的例子就是 C 语言。

解释型语言就没有这个编译的过程，而是在程序运行的时候，通过解释器对程序逐行做出解释，然后直接运行，最典型的例子是 HTML。

通过以上分析，解释型语言和编译型语言各有优点和缺点，这是因为编译型语言在程序运行之前就已经对程序做出了“翻译”，所以在运行时就少掉了“翻译”的过程，效率较高。但也不能一概而论，一些解释型语言也可以通过解释器的优化在对程序做出翻译时对整个程序做出优化，从而在效率上超过编译型语言。

2. Python 的工作原理

使用 C 或 C++之类的编译型语言编写的程序，是需要从源文件转换成计算机使用的机器语言，经过连接器连接之后形成二进制可执行文件。运行该程序的时候，就可以将二进制程序从硬盘载入内存中并运行。但是对于 Python 而言，Python 源码不需要编译成二进制代码，它可以直接从源代码运行程序。

Python 解释器将源代码转换为字节码，然后把编译好的字节码转发到 Python 虚拟机（Python Virtual Machine，PVM）中进行执行。PVM 是 Python 的运行引擎，是 Python 系统的一部分，它是迭代运行字节码指令的一个大循环，一个接一个地完成操作。图 1-1 描述了 Python 程序的执行过程。

当运行 Python 程序的时候，Python 解释器会执行两个步骤。

第一步：把源代码编译成字节码。编译后的字节码是特定于 Python 的一种表现形式，它不是二进制的机器码，需要进一步编译才能被机器执行，这也是 Python 代码无法运行得像 C 或 C++一样快的原因。如果 Python 进程在机器上拥有写入权限，那么它将把程序的字节码保存为一个以.pyc 为扩展名的文件。如果 Python 无法在机器上写入字节码，那么字节码将在内存中生成并在程序结束时自动丢弃。在构建程序的时候最好给 Python 赋上在计算机上写的权限，这样只要源代码没有改变，生成的.pyc 文件就可以重复利用，从而提高执行效率。

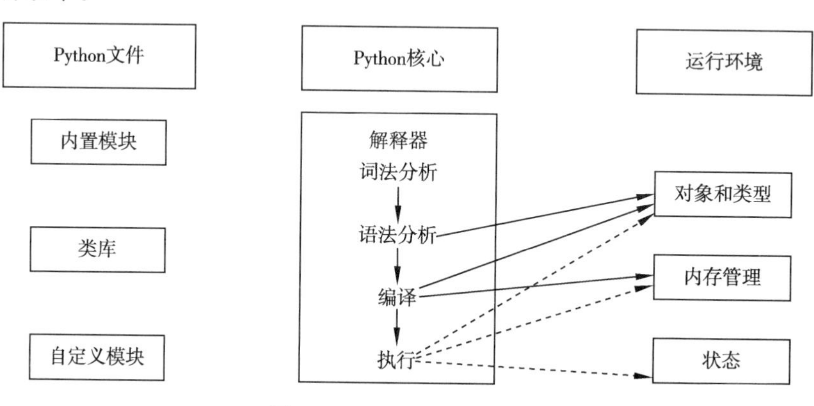

图 1-1 Python 的执行过程

第二步：把编译好的字节码转发到 Python 虚拟机中进行执行。图 1-2 描述了 Python 程序的执行原理。

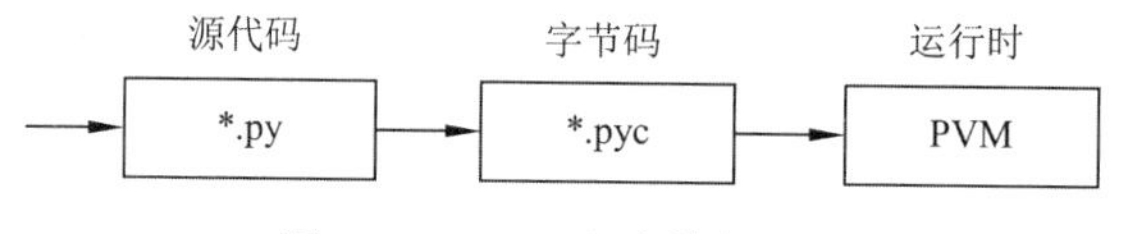

图 1-2 Python 程序执行原理

3. Python 的运行环境

由于 Python 是跨平台的，它可以在 Windows、Mac 和 Linux/UNIX 等操作系统上运行。在 Windows 上写 Python 程序，放到 Linux 上也是能够运行的。

要使用 Python 编写程序，首先要安装 Python 软件，并配置运行环境。安装后操作系统就会有 Python 的解释器、一个命令行交互环境和一个集成开发环境。

现在 Python 用得最多的是两个版本：Python 2.X 系列和 Python 3.X 系列。Python 1.X 系列在 20 世纪 90 年代非常成功，现在已不再维护。

从语言上来说，Python 3.X 比 Python 2.X 好，当开发一个新项目时，选择 Python 3.X 是一个明智的选择；如果要把已完成的项目维护好，且这个项目将要使用很长时间，需尽早移植到 Python 3.X 上。本书以 Python 3.X 版本为运行环境进行编写。

访问 Python 官方网站（https://www.python.org/downloads/），下载 Windows 平台下的安装包，安装配置 Python 的运行环境。

在 Windows 平台下安装 Python 开发环境的步骤如下：

① 打开 Python 官方网站，选择 Windows 平台下的安装包，如图 1-3 所示。

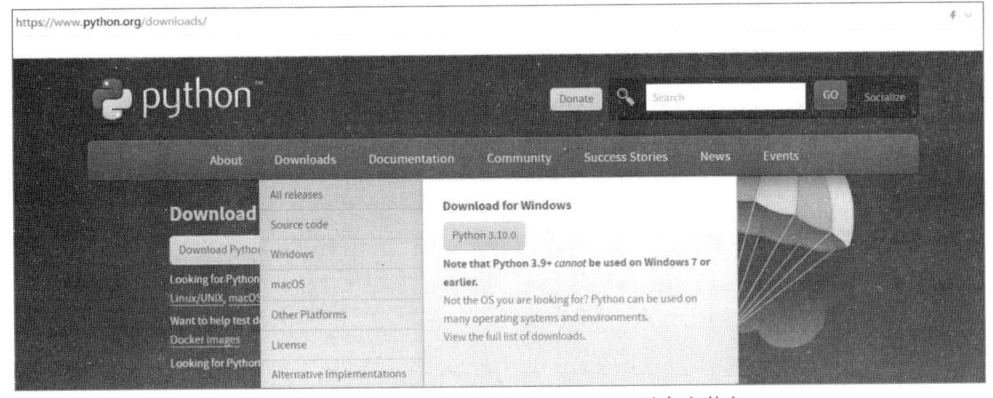

图 1-3　在 Python 官网中选择 Windows 平台安装包

② 单击图 1-3 中的“Python 3.10.0”按钮进行下载，下载后文件名为“python-3.10.0-amd64.exe”，双击该文件进入 Python 的安装界面，选择安装方式，如图 1-4 所示。

在图 1-4 中，有两种安装方式。第一种，采用默认安装方式。第二种，自定义安装方式，用户可以自行选择软件的安装路径。这两种安装方式均可，为配置方便，可选中“Add Python 3.10 to PATH”复选框。

图 1-4　选择 Python 安装方式

③ 如果选择第二种安装方式，其安装过程如图 1-5 所示。

（a）安装前，选中“Add Python 3.10 to PATH”复选框

图 1-5　Python 的安装过程

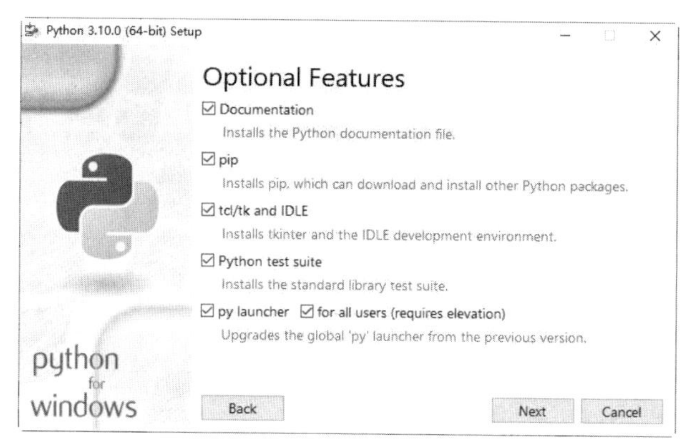

（b）选择“Customize installation”后的界面

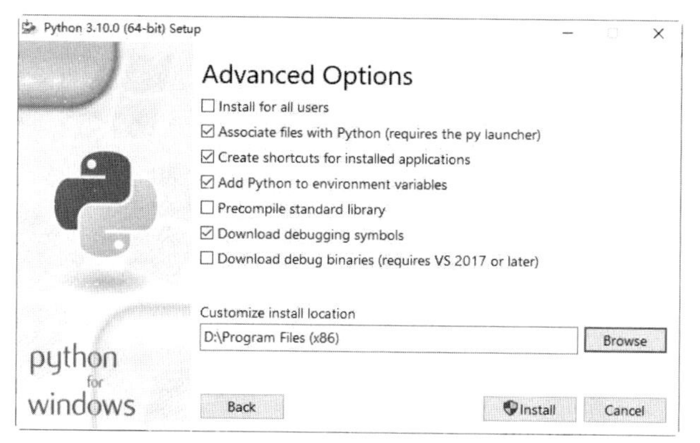

（c）选择安装路径，本例选择安装在 D 盘的 Program Files（x86）文件夹中

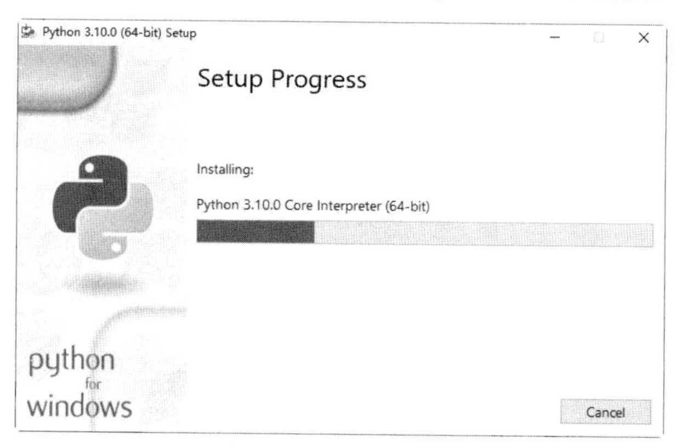

（d）Python 安装进度显示

图 1-5　Python 的安装过程（续）

④ Python 安装成功后，出现图 1-6 所示界面。

注意：如果在安装准备阶段没有选中图 1-4 中的“Add Python 3.10 to PATH”复选框，需要手动配置环境变量，具体步骤如下：

① 右击“此电脑”图标，在弹出的快捷菜单中选择“属性”命令，如图 1-7 所示，在打开界面（见图 1-7）的右侧选择“高级系统设置”选项，打开图 1-8 所示的“系统属性”对话框的“高级”选项卡。

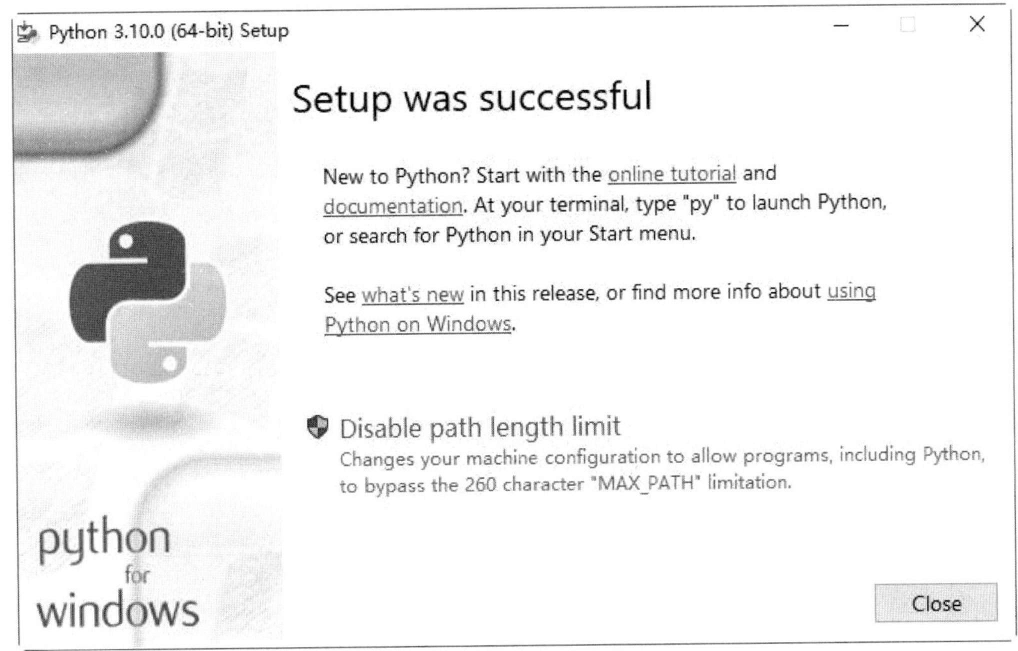

图 1-6　Python 安装成功的界面

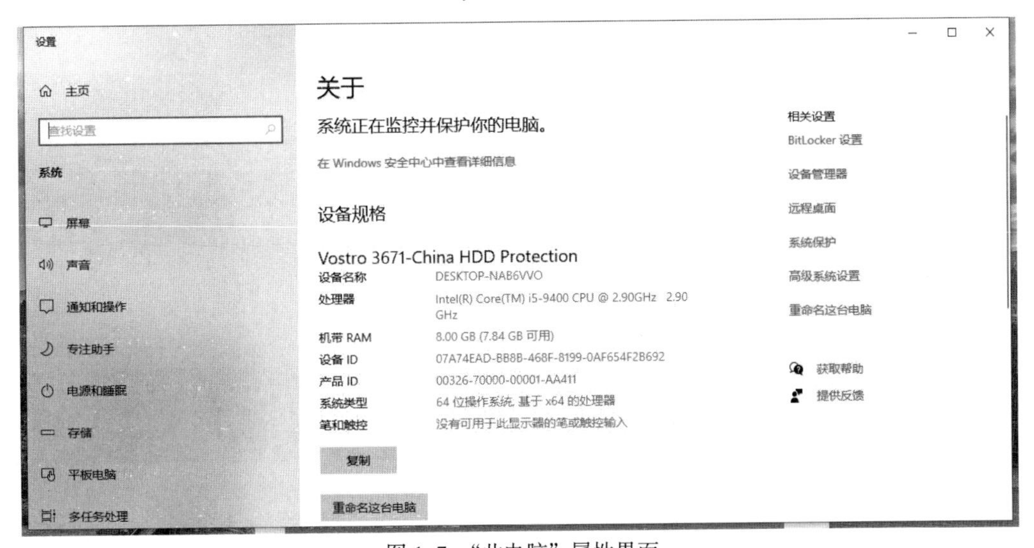

图 1-7　“此电脑”属性界面

② 在“系统属性”对话框中单击“环境变量”按钮，进入“环境变量”对话框，如图 1-9 所示。先在系统用户变量中找到“Path”这项，为了不破坏其他变量，不要对其他内容进行任何的操作，单击“新建”按钮即可。

③ 在打开的“新建用户变量”对话框中的“变量名”文本框中输入“Python”，在“变量值”文本框下方单击“浏览目录”按钮，定位到 Python 安装的文件夹即可，如图 1-10 所示。最后单击“确定”按钮。

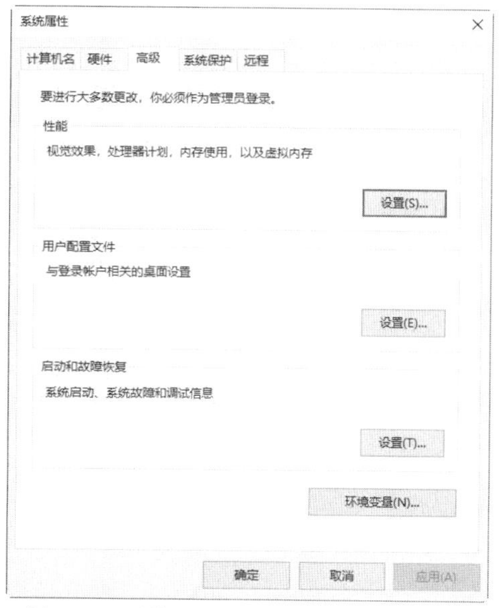

图 1-8 “系统属性”对话的“高级”选项卡

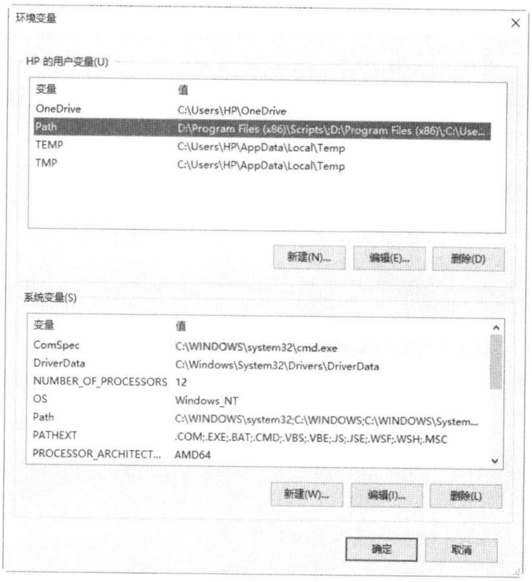

图 1-9 “环境变量”对话框

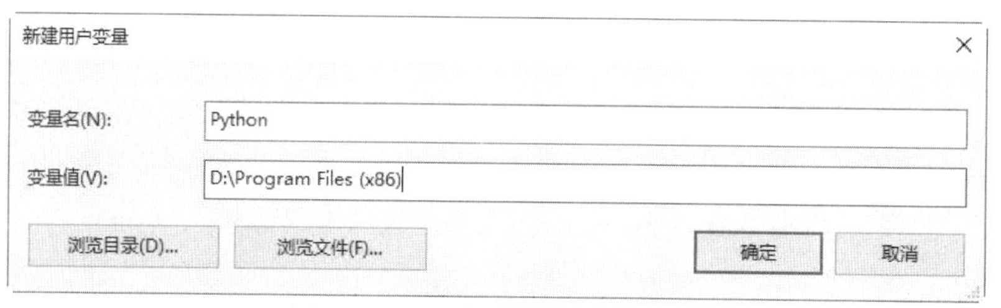

图 1-10 “新建用户变量”对话框

④ 按【Win+R】组合键打开“运行”对话框，在“打开”文本框中输入“python”，确认环境变量配置成功，如图 1-11 所示。

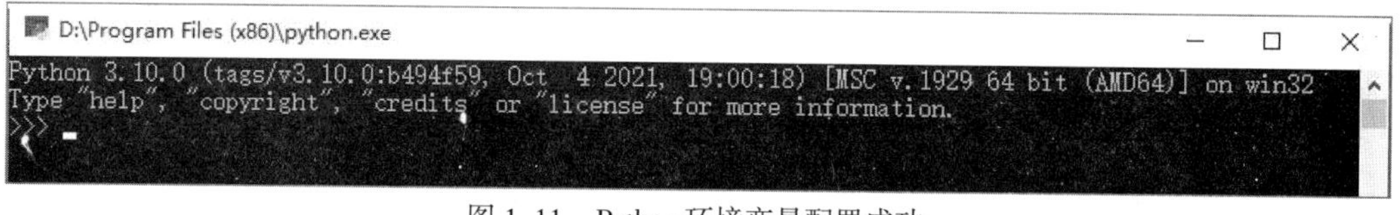

图 1-11 Python 环境变量配置成功

成功安装 Python 后，便可以使用 Python 编写程序。Python 有两种编程方式：交互式编程和文件式编程。交互式编程是指解释器即时响应用户输入的代码并输出运行结果；文件式编程是把代码保存在文件中，可以长期、反复使用，避免了交互式编程每次重复输入代码的现象。交互式编程适合单条语法的练习，文件式编程是编写程序和项目开发的主要方式。

在 Windows 10 操作系统的控制台下采用交互式编程编写并运行，具体步骤如下：

步骤一：按【Win+R】组合键打开“运行”对话框，如图 1-12 所示，在“打开”文本框中输入“python”并单击“确定”按钮，如图 1-13 所示。进入图 1-14 所示的交互环境。

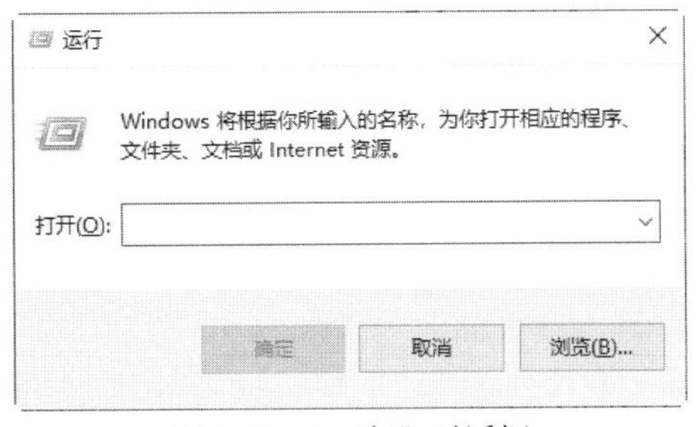

图 1-12 “运行”对话框

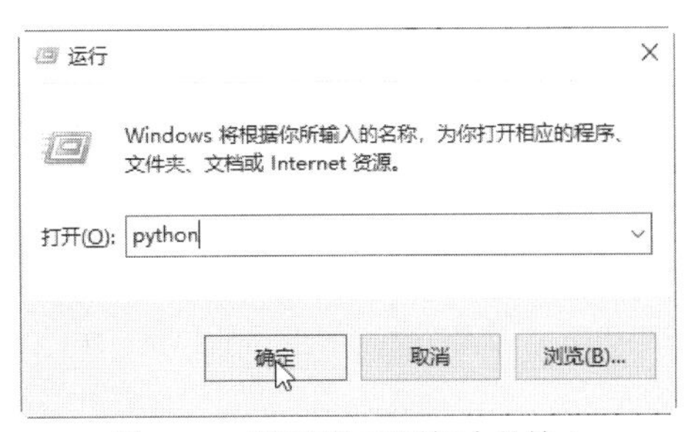

图 1-13 “运行”对话框中的输入

```
D:\Program Files (x86)\Python\python.exe
Python 3.10.0 (tags/v3.10.0:b494f59, Oct  4 2021, 19:00:18) [MSC v.1929 64 bit (AMD64)] on win32
Type "help", "copyright", "credits" or "license" for more information.
>>>
```

图 1-14 Python 在 Windows 10 中的交互开发环境

步骤二：在“>>>”提示符后输入 print("Hello,world")，然后按【Enter】键，即在下一行输出程序运行结果，如图 1-15 所示。

```
D:\Program Files (x86)\Python\python.exe
Python 3.10.0 (tags/v3.10.0:b494f59, Oct  4 2021, 19:00:18) [MSC v.1929 64 bit (AMD64)] on win32
Type "help", "copyright", "credits" or "license" for more information.
>>> print("Hello,world")
Hello,world
>>>
```

图 1-15 “Hello,world”在 Windows 10 中的交互开发

程序运行后，光标停留在下一行“>>>”后，等待下一指令的输入。

本实验重点讲解 Python 3.X 在 Windows 10 下的 IDLE、PyCharm 和 Anaconda 的安装与运行。

四、实验内容和要求

【实例 1-1】成功安装 Python 后，Python 自带了一款简洁的集成开发环境 IDLE，使用 IDLE 可以方便地创建、运行、测试 Python 程序。在 IDLE 中编写程序“Hello,world!”并运行调试。

参考程序如下：

```
print("Hello,world")
```

在 Windows 10“开始”菜单中选择“所有程序”→“Python 3.X”→“IDLE（Python3.X）”命令启动 IDLE。注意：此处的 X 是指用户所安装的版本号中“3.”后的数字。在 IDLE 中，可采用交互式编程和文件式编程两种方式。

（1）在 IDLE 中采用交互式编程编写并运行

步骤一：启动 IDLE 后进入 Python Shell，如图 1-16 所示。

步骤二：直接在 IDLE 的“>>>”提示符后输入 print("Hello,world")，然后按【Enter】键，即在下一行输出程序运行结果，如图 1-17 所示。

```
IDLE Shell 3.10.0
File  Edit  Shell  Debug  Options  Window  Help
Python 3.10.0 (tags/v3.10.0:b494f59, Oct  4 2021, 19:00:18) [MSC v.1929 64 bit (
AMD64)] on win32
Type "help", "copyright", "credits" or "license()" for more information.
>>> |
Ln: 3  Col: 0
```

图 1-16　IDLE 的交互式编程模式界面

```
IDLE Shell 3.10.0
File  Edit  Shell  Debug  Options  Window  Help
Python 3.10.0 (tags/v3.10.0:b494f59, Oct  4 2021, 19:00:18) [MSC v.1929 64 bit (
AMD64)] on win32
Type "help", "copyright", "credits" or "license()" for more information.
>>> print("Hello,world")
Hello,world
>>> |
Ln: 5  Col: 0
```

图 1-17　Hello,world 在 IDLE 中的交互开发

（2）在 IDLE 中采用文件式编程编写并运行

步骤一：新建一个文件，从“File”菜单中选择“New File”菜单项，这样就可以在出现的窗口中输入程序的代码了，如图 1-18 所示。

步骤二：输入 print("Hello,world")之后，从“File”菜单中选择“Save”命令保存程序，保存后的运行环境如图 1-19 所示。从菜单中选择“Run”中的“Run Module”命令，运行结果如图 1-20 所示。

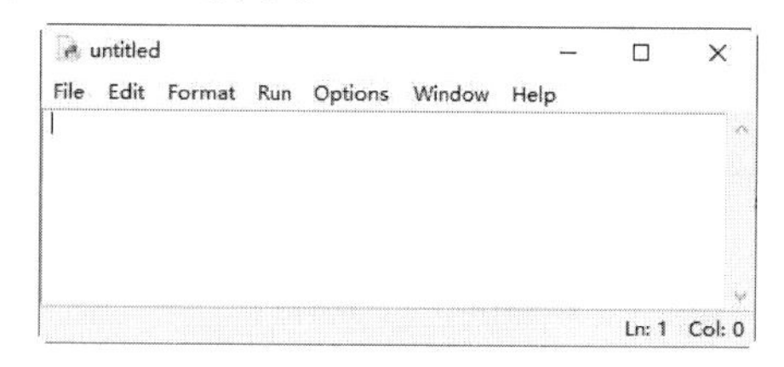

图 1-18　创建一个新的 Python 程序

```
EX01-01.py - E:\Python案例\教材\第一章\EX01-01.py (3.10.0)
File  Edit  Format  Run  Options  Window  Help
print("hello world!")
Ln: 1  Col: 0
```

图 1-19　保存后的 Python 程序

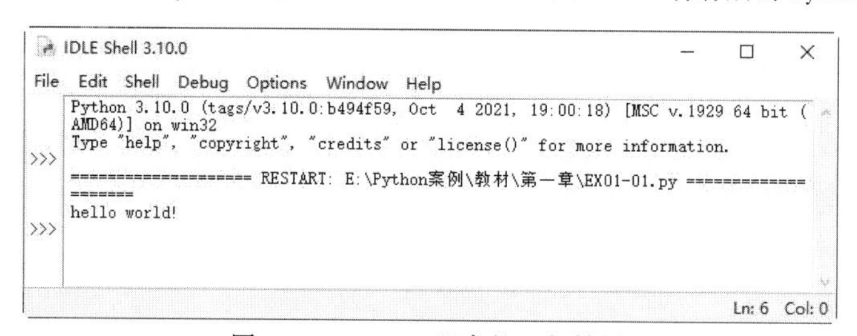

图 1-20　Python 程序的运行结果

【实例 1-2】PyCharm 是由 JetBrains 开发的一款专门面向 Python 的全功能集成开发环境，拥有付费版（专业版）和免费开源版（社区版），不论是在 Windows、Mac OS X 操作系统中，还是在 Linux 系统中都支持快速安装和使用。请在 PyCharm 官网下载地址（http://www.jetbrains.com/pycharm/download/PyCharm）中下载 Pycharm 软件，安装该软件并编写程序“Hello,world!”运行调试。

步骤一：进入 PyCharm 官方网站下载界面后，选择“Community”版进行下载，下载后的软件为“pycharm-community-X.exe”（X 为发行日期或版本）。

步骤二：双击“pycharm-community-X.exe”进入安装界面，如图 1-21 所示，再单击“Next”按钮。

步骤三：单击“Browse...”按钮选择安装路径，如图 1-22 所示，再单击“Next”按钮。

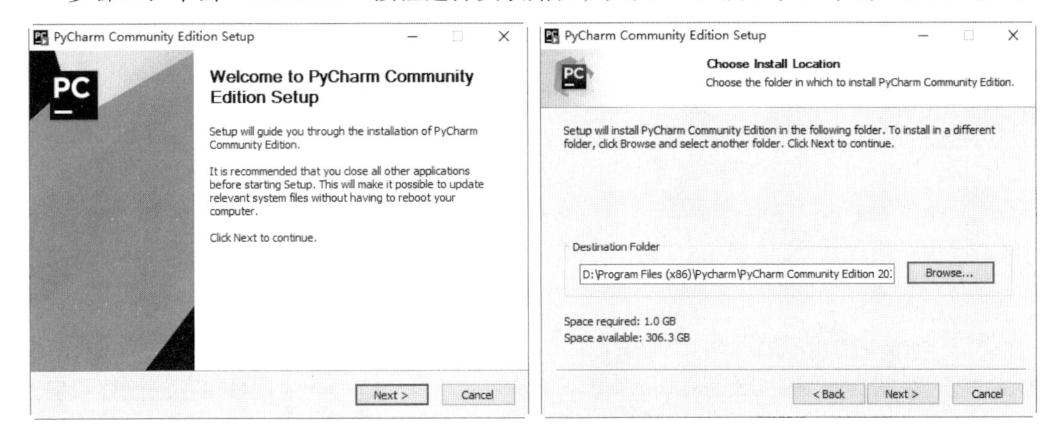

图 1-21　PyCharm 的安装界面　　　图 1-22　PyCharm 安装路径的选择

步骤四：进入 PyCharm 安装选项界面，有多种选项，如图 1-23 所示。根据个人需要选择安装，再单击“Next”按钮。

- Create Desktop Shortcut：创建桌面快捷方式。
- Update PATH Variable（restart needed）：更新路径变量（需要重新启动）。
- Update Context Menu：更新上下文菜单，“Add ‘Open Folder as Project’”即添加打开文件夹作为项目。全新安装，所以不选择。
- Create Associations：创建关联，关联.py 文件，双击都是以 PyCharm 打开。

步骤五：在图 1-24 所示的选择开始菜单文件界面中，采用默认方式安装，单击“Install”按钮，进行安装，如图 1-25 所示。

步骤六：安装成功后，界面如图 1-26 所示，选择重启计算机的时间后，单击“Finish”按钮。

步骤七：重启计算机后桌面上会有 PyCharm 的图标（见图 1-27），双击图标即可打开 PyCharm 集成开发环境。

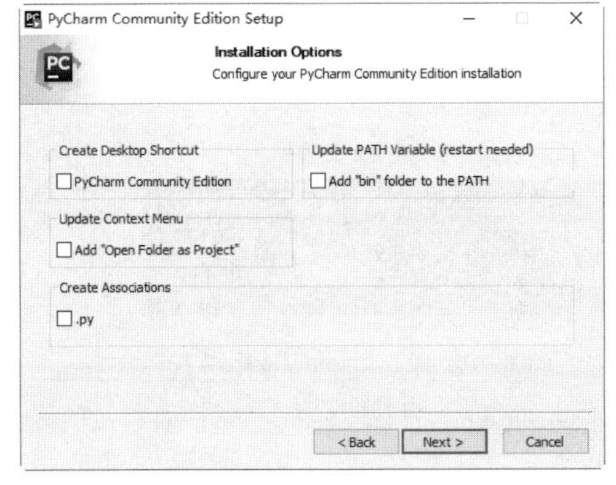

图 1-23　PyCharm 安装选项界面

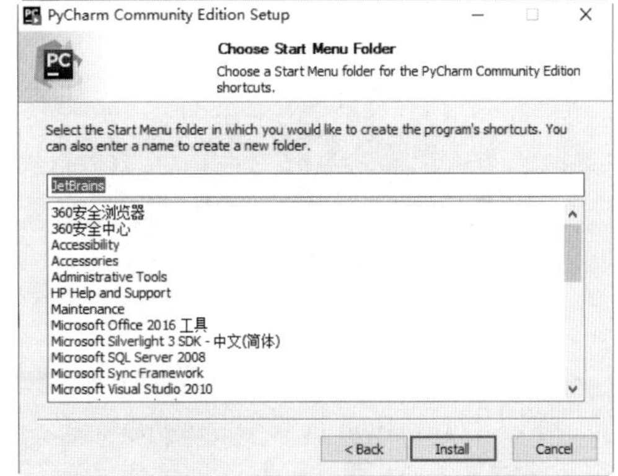

图 1-24　PyCharm 选择开始菜单文件界面

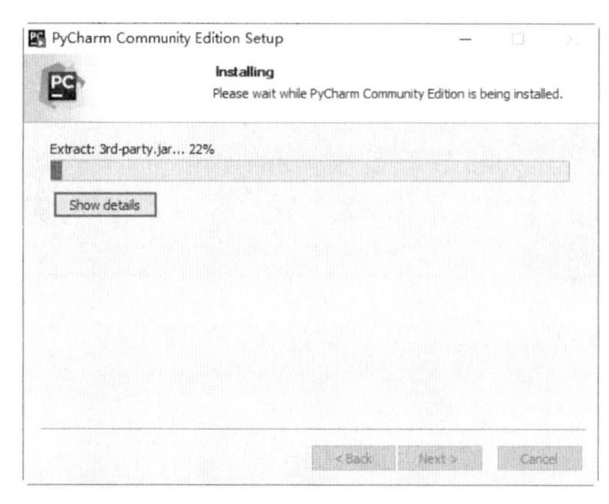

图 1-25　PyCharm 安装过程

图 1-26　PyCharm 安装成功

步骤八：在打开的 PyCharm 界面中，选择“File”→“Create New Project”命令，进入创建新项目对话框，如图 1-28 所示。在“Location”文本框中选择新建项目保存的位置和项目名。选择保存文件后，单击“Create”按钮。

图 1-27　PyCharm 的图标

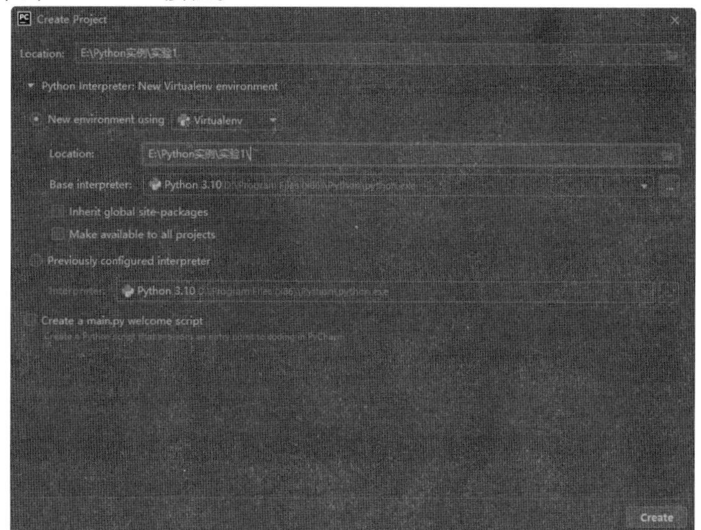

图 1-28　PyCharm 中创建新项目

步骤九：选择“File”→“New...”，在弹出的“New”快捷菜单中选择“Python File”命令，如图 1-29 所示，在弹出的对话框中输入文件名。

步骤十：在 hello.py 中输入 print("Hello,world")，如图 1-30 所示。

图 1-29　PyCharm 中 Python File 的创建

图 1-30　在 PyCharm 中编写程序

步骤十一：Python 代码编写完成后，选择“Run ‘hello’”可执行程序（注：单引号内为文件名），在图 1-31 下方可以看到程序的运行结果。

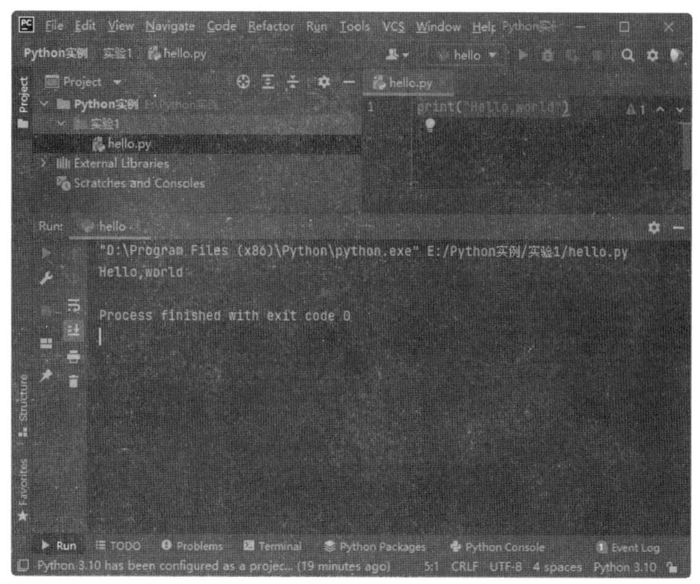

图 1-31　PyCharm 程序编辑窗口

【实例 1-3】Anaconda 是由 Anaconda 公司为了方便使用 Python 进行数据科学研究而建立的一组软件包，涵盖了数据科学领域常见的 Python 库，并且自带专门解决软件环境依赖问题的 conda 包管理系统。Anaconda 的下载地址为 https://www.continuum.io/downloads，在 Linux、Mac OS X、Windows 操作系统中均支持。下载并安装 Anaconda 软件，在该软件中编写程序 "Hello,world!" 并运行调试。

步骤一：进入 Anaconda 官方网站下载界面后，选择 "Anaconda Individual Edition" 进行下载，下载后的软件为 "Anaconda3-X-Y.exe"（其中，X 为发行日期或版本，Y 为操作系统信息）。

步骤二：双击 "Anaconda3-X-Y.exe" 进入安装界面，如图 1-32 所示，再单击 "Next" 按钮。

步骤三：在 Anaconda 的 "License Agreement" 界面中单击 "I Agree" 按钮，如图 1-33 所示。

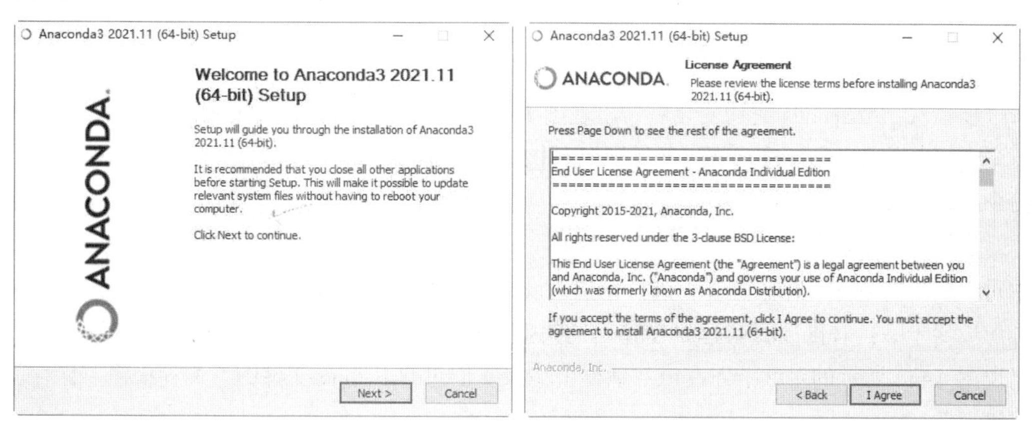

图 1-32　Anaconda 安装界面　　图 1-33　Anaconda 的 "License Agreement" 界面

步骤四：在 Anaconda 的 “Select Installation Type” 界面中选择相应选项后，单击 “Next” 按钮，如图 1-34 所示。

步骤五：在 Anaconda 的 “Choose Install Location” 界面中单击 “Browse...” 按钮，选择安装路径，然后单击 “Next” 按钮，如图 1-35 所示。

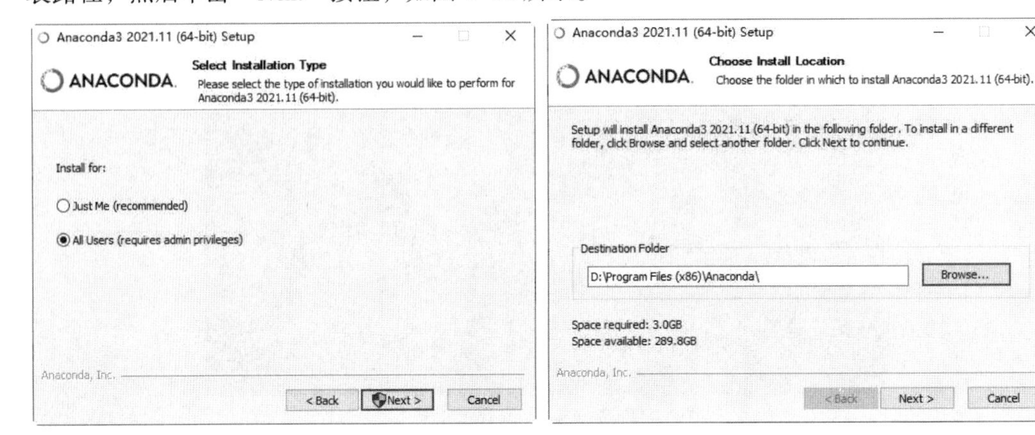

图 1-34　Anaconda 的 “Select Installation Type” 界面　　图 1-35　Anaconda 的 “Choose Install Location” 界面

步骤六：如图 1-36 所示，Anaconda 的安装过程需要几分钟的时间。

步骤七：安装过程结束后，进入新界面如图 1-37 所示，单击 “Next” 按钮。

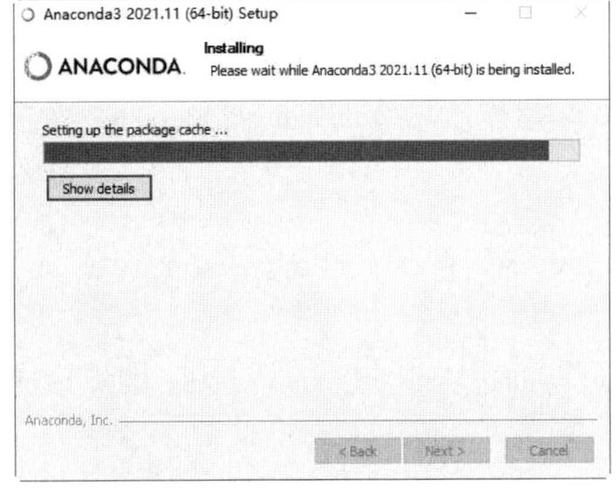

图 1-36　Anaconda 的安装过程

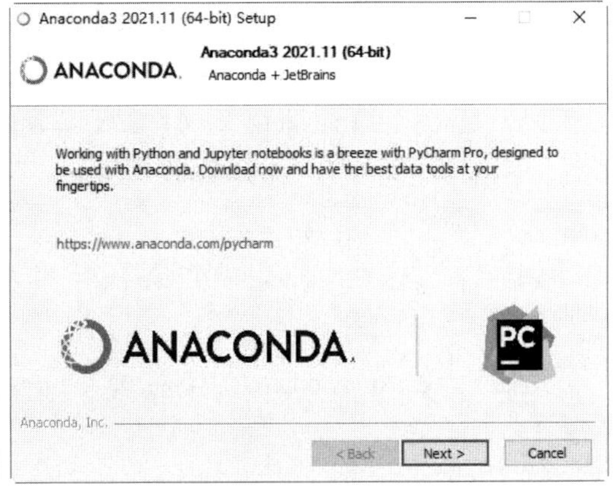

图 1-37　“Anaconda+Jet Brains” 界面

步骤八：Anaconda 成功安装后，出现图 1-38 所示的界面，单击 “Finish” 按钮。

步骤九：在 Windows 10 的 “开始” 菜单中选择 “Anaconda3(64-bit)” → “spyder(Anaconda)” 命令，即可进入图 1-39 所示的界面。

步骤十：在运行环境中，选择 “Projects” → “New Projects”，如图 1-40 所示，在图 1-41 中对新项目的名称、存储位置等进行设置。设置完成后单击 “Create” 按钮。

步骤十一：右击项目名称，在弹出的快捷菜单中选择 “New” → “Python file” 命令，出现图 1-42 所示的对话框，在该对话框中输入要创建的 Python 文件的名称，单击 “保存” 按钮。

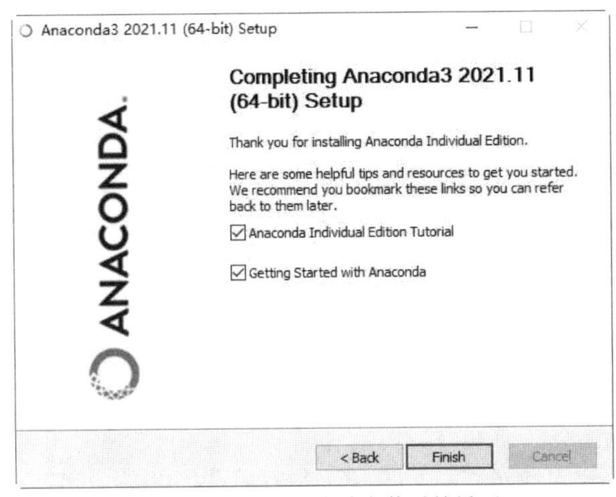

图 1-38　Anaconda 成功安装后的界面

图 1-39　运行 Anaconda

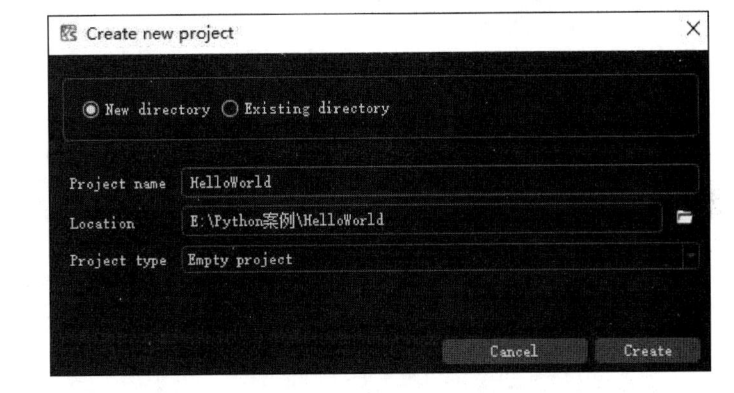

图 1-40　在 Anaconda 中创建新项目

图 1-41　在 Anaconda 中新项目的设置

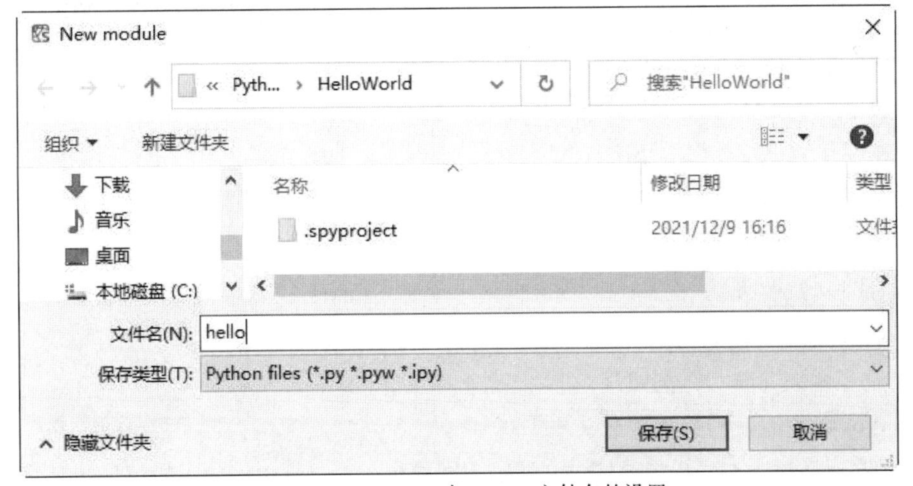

图 1-42　Anaconda 中 Python 文件名的设置

步骤十二：进入图 1-43 所示编辑区域，输入 print("Hello,world!")。

步骤十三：右击 Python 文件名，在弹出的快捷菜单中选择“Run”命令运行程序，可以在运行环境的窗口下方看到输出结果，如图 1-44 所示。

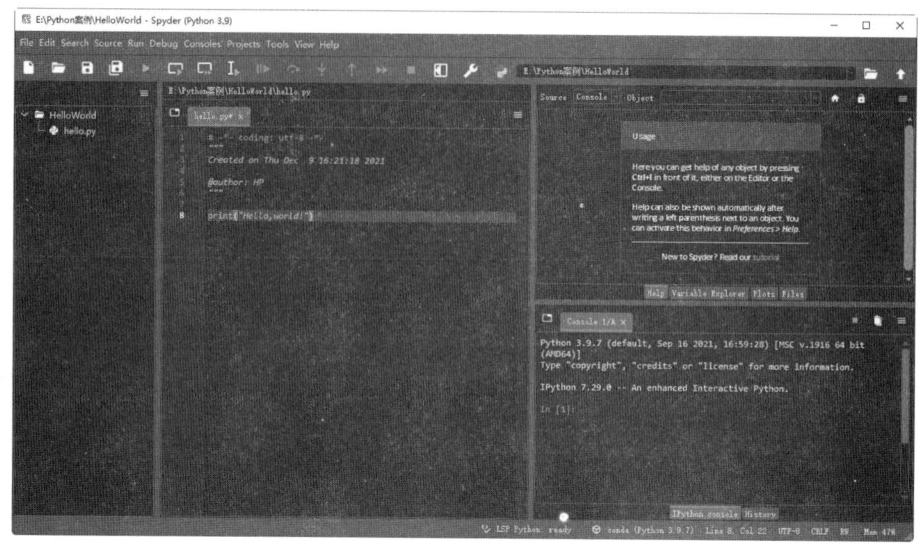

图 1-43　在 Anaconda 中编写程序

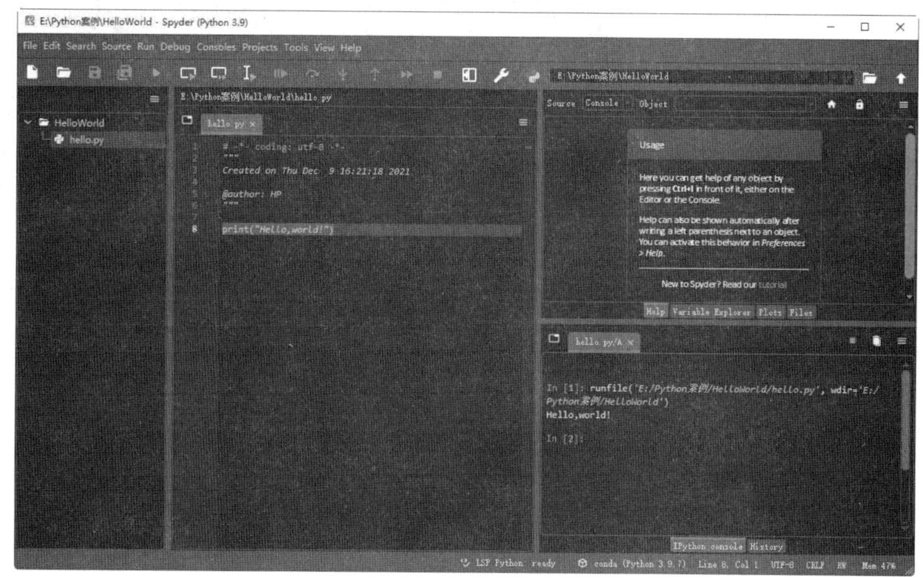

图 1-44　Anaconda 运行界面

【实例 1-4】根据参考资料编写程序，从键盘输入两个数，再输出这两个数的和。

参考资料：

① 输入函数 input( )，例如：

```
r=input("请输入圆的半径：")
```

表示在对话框中有显示提示信息“请输入圆的半径：”，再将输入的信息转换为字符串类型。

② eval( )函数，例如：

```
eval("3+2")
```

eval( )函数会将第一个 expression 字符串参数的引号去掉，然后对引号中的式子进行解析和计算，即计算 3+2。

③ 输出语句 print( )，例如：

```
a=2
print(a)
```

输出语句输出结果为 2。

参考程序如下：

```
num1=input("请输入第一个数: ")
num2=input("请输入第二个数: ")

sum=eval(num1)+eval(num2)

print(sum)
```

从键盘上输入 10 和 20，运行结果如图 1-45 所示。

```
请输入第一个数: 10
请输入第二个数: 20
30
```

图 1-45　实例 1-4 运行结果

思考：将语句 sum=eval(num1)+eval(num2)修改为 sum=eval(num1+num2)，分别输入 10 和 20 后，能否正确执行？运行结果是什么？

五、实验作业

【作业 1-1】编写程序，输出“庆祝中国共产党成立 100 周年！”，分别在 IDLE、PyCharm 和 Anaconda 集成开发环境中运行。

【作业 1-2】编写程序，输入圆的半径，计算并输出圆的周长和面积。

【作业 1-3】编写程序，从键盘输入两个数字，计算并输出这两个数的乘积。

【作业 1-4】编写程序，计算并输出底面积为 3，高为 5 的圆柱体的体积。

【作业 1-5】编写程序，输出如下图形（*、#和&每行各 10 个）。

```
**********
##########
&&&&&&&&&&
```

实验2

turtle 绘图 ‹‹‹

一、实验目的

- 了解 Python 中的标准库以及标准库中函数库的导入方法。
- 了解 Python 中 turtle 库的基本原理。
- 熟悉 Python 中 turtle 库中的常用函数，并能够绘制简单的图形。

二、实验学时

1 学时。

三、实验预备知识

1. Python 中的标准库与标准库中函数库的导入

Python 标准库非常庞大，所提供的组件涉及范围十分广泛。这个库包含了多个以 C 语言编写的内置模块，Python 程序员必须依靠它们来实现系统级功能。Windows 版本的 Python 安装程序通常包含整个标准库（如 turtle、os、sys、random、time、math 等），往往还包含许多额外组件。

在编写程序时，确定所需要使用的函数库后可使用保留字 import 导入。使用 import 导入函数库有两种方式。

第一种方式：

```
import  <库名>
```

此时，程序可调用库名中的所有库函数，使用库函数的格式如下：

```
<库名>.<函数名>(<函数参数>)
```

第二种方式：

```
from <库名> import  <函数名,函数名,函数名,…,函数名>
from <库名> import *
```

其中*是通配符，表示所有函数。

2. Python 的 turtle 库概述

turtle（海龟）库是 Python 绘制图像的函数库，其绘制原理是有一只海龟在窗体正中心，在画布上游走，走过的轨迹形成了绘制的图形，海龟由程序控制，可以自由改变颜色、方向、宽度等。

turtle 绘图中，以像素为单位。turtle 的空间坐标系如图 2-1 所示，海龟坐标系如图 2-2 所示。turtle 的角度坐标系，如图 2-3 所示，采用绝对度数。turtle 的色彩体系使用 RGB。RGB 指红、绿、蓝三个通道的颜色组合，可覆盖视力所能感知的所有颜色。RGB 每种颜色取值范围为 0~255 整数，或 0~1 小数。常用颜色的 RGB 值见表 2-1。

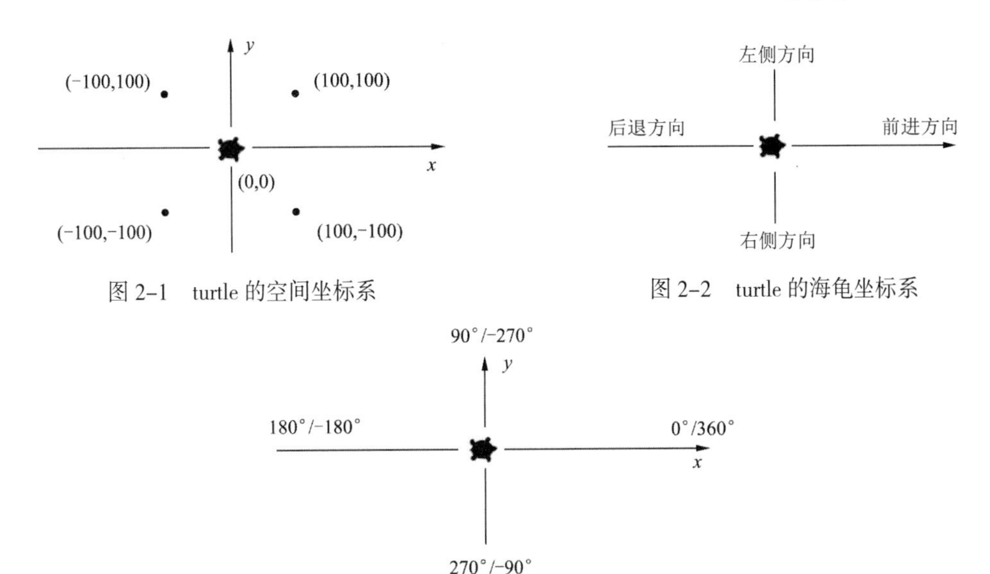

图 2-1　turtle 的空间坐标系

图 2-2　turtle 的海龟坐标系

图 2-3　turtle 的角度坐标系

表 2-1　常用颜色的英文字符串和 RGB 值表

中文名	字符串	RGB 整数值
白色	white	255,255,255
黄色	yellow	255,255,0
青色	cyan	0.255.255
蓝色	blue	0,0,255
黑色	black	0,0,0
金色	gold	255,215,0
粉红色	pink	255,192,203
棕色	brown	165,42,42
紫色	purple	160,32,240
深绿色	darkgreen	0,100,0
番茄色	tomato	255,99,71
洋红	magenta	255,0,255

3. turtle 绘图窗体函数

```
turtle.setup(width,height,startx,starty)
```

函数功能：设置窗体大小。

参数含义：

width,height：输入宽和高为整数时表示像素，为小数时表示占据计算机屏幕的比例。

(startx,starty)：这一坐标表示矩形窗口左上角顶点的位置。如果为空，则窗口位于屏幕中心。

四个参数中后两个参数是非必选参数。如 turtle.setup(800,400,0,0)在计算机显示器中显示如

图 2-4 所示。去掉最后两个参数，修改为 turtle.setup(800,400)，在计算机显示器中的显示如图 2-5 所示。

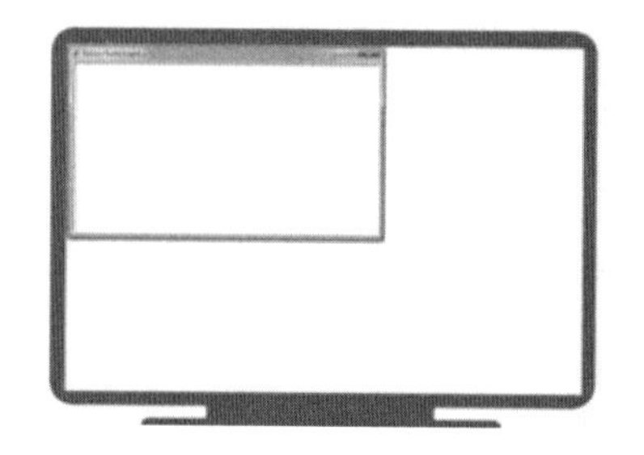

图 2-4　turtle.setup(800,400,0,0)的显示示意图

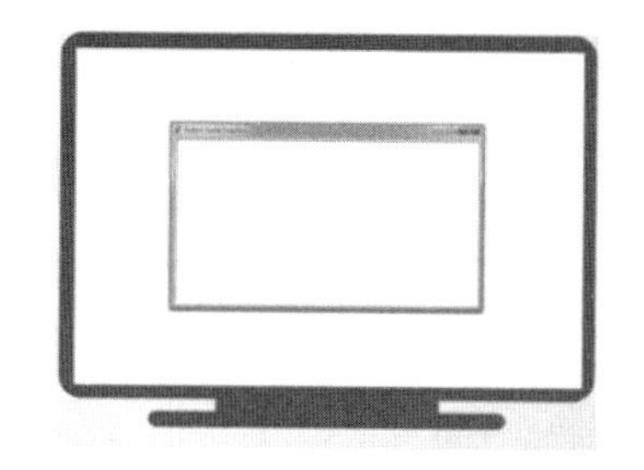

图 2-5　turtle.setup(800,400)的显示示意图

4. 画笔控制

画布默认有一个坐标原点为画布中心的坐标轴。坐标原点上有一只面朝 x 轴正方向的小海龟。这里描述小海龟时使用了两个词语：坐标原点（位置），面朝 x 轴正方向（方向）。turtle 绘图中，就是使用位置方向描述小海龟（画笔）的状态。

（1）turtle.penup()和 turtle.pendown()

① turtle.penup()，简写形式：turtle.pu()或者 turtle.up()。

功能：表示抬起画笔，海龟在飞行，无参数。

② turtle.pendown()，简写形式：turtle.pd()或者 turtle.down()。

功能：表示画笔落下，海龟在爬行，无参数。

（2）turtle.pensize(width)

别名：turtle.width(width)。

功能：设置画笔的宽度。

参数：width 设置画笔线条的宽度，当无参数或者为 None 时返回当前画笔宽度。

（3）turtle.right(degree)和 turtle.left(degree)

功能：顺时针或逆时针移动 degree 度。

参数：degree 为角度值。

（4）turtle.seth(angle)

其他形式：turtle.setheading(angle)。

功能：改变海龟行进方向但不前进。

参数：angle 为绝对方向角度值。

（5）turtle.pencolor(color)

功能：为画笔设置颜色。

参数：color 为颜色字符串或者 RGB 值。

该函数的使用形式为：

```
turtle.pencolor(colorstring)
```

或

```
turtle.pencolor((r,g,b))
```

当为 colorstring 时，使用表示颜色的字符串；当为(r,g,b)时，表示使用颜色对应的 RGB 值。

（6）turtle.hideturtle()和 turtle.showturtle()

这两个函数均为无参函数，turtle.hideturtle()的功能是隐藏画笔的 turtle 形状，turtle.showturtle()的功能是显示画笔的 turtle 形状。

（7）turtle.goto(x,y)

功能：移动画笔到画布中的特定位置(x,y)处，如果当前画笔处于落笔状态，则从当前位置绘制线条到(x,y)处。

参数：x 为画布中特定位置的横坐标，y 为画布中特定位置的纵坐标。

（8）turtle.home()

功能：移动画笔至坐标系原点，画笔方向为初始方向。

参数：无。

5. 绘制形状

（1）turtle.forward(d)

简写形式：turtle.fd(d)。

功能：行进距离，为正数时表示同向运动，为负数时表示反方向运动。

参数：d 为行进距离的像素值。

如有以下程序段：

```
import turtle
turtle.fd(150)
turtle.right(135)
turtle.fd(300)
turtle.left(135)
turtle.fd(150)
```

在导入 turtle 库后，先前进 150 像素，然后再顺时针旋转 135° 后前进 300 像素，最后再逆时针旋转 135° 后前进 150 像素。这样就绘制了字母 Z，如图 2-6 所示。

（2）turtle.circle(r,extent=NONE)

功能：根据半径 r 绘制 extent 角度的弧形。

参数：r 默认在圆心左侧 r 距离的位置；extent 为绘制角度，默认 360° 是整圆。

例如：

```
turtle.circle(50)
```

绘制一个半径为 50 的整圆，如图 2-7 左侧部分所示。又如：

```
turtle.circle(50,180)
```

绘制一个半径为 50 的半圆，如图 2-7 右侧部分所示。

（3）turtle.begin_fill()和 turtle.end_fill()

这两个函数均为无参函数，turtle.begin_fill()的功能是准备开始填充图形；turtle.end_fill()的功能是填充完成。

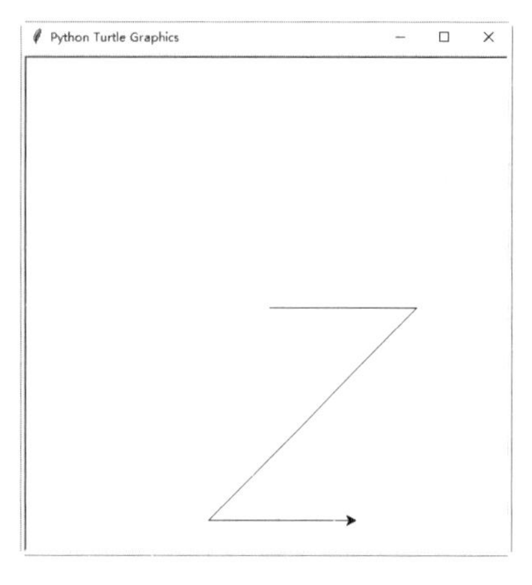

图 2-6　绘制字母 Z 运行结果

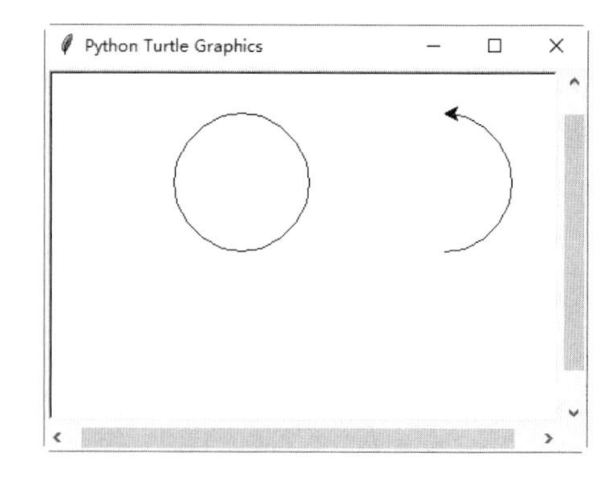

图 2-7　半径为 50 的整圆和半圆

四、实验内容和要求

【实例 2-1】使用 turtle 库的 turtle.forward()及方向控制函数绘制一个正方形。

【分析】要使用 turtle 库中的函数，必须使用 import 命令导入 turtle 库；再使用 setup()函数设置画布的大小和位置。

turtle 中心点在坐标原点(0,0)处，使用 forward()先向前（x 轴正向）100 个像素，此时完成底边绘制。

如果要绘制右侧的边，此时需要移动绘制方向。该方向为 y 轴正向，因此以当前绘图方向为参照，需向左旋转 90°，因此使用 left()函数，其参数为 90，即 left(90)，再使用 forward(100)绘制右侧的边。按此方法，依次绘制顶边和左侧的边，即可完成正方形的绘制。绘图完毕，将画笔隐藏。

参考程序如下：

```
import turtle
turtle.setup(400,400)
turtle.forward(100)
turtle.left(90)
turtle.forward(100)
turtle.left(90)
turtle.forward(100)
turtle.left(90)
turtle.forward(100)
turtle.left(90)
turtle.hideturtle()
```

运行结果如图 2-8 所示。

【实例 2-2】绘制三个半径不同的内切圆。

【分析】要使用 turtle 库中的函数，必须使用 import 命令导入 turtle 库，再使用 setup()函数设置画布的大小和位置。可使用 circle()函数绘制圆，因圆是一个封闭图形，当一个圆绘制完成时，依然在原点位置，因此只要使用三次 circle()函数，设置不同的半径即可绘制三个内切圆。绘图完毕，将画笔隐藏。

参考程序如下：

```
import turtle
turtle.setup(300,300)
turtle.circle(20)
turtle.circle(40)
turtle.circle(60)
turtle.hideturtle()
```

运行结果如图 2-9 所示。

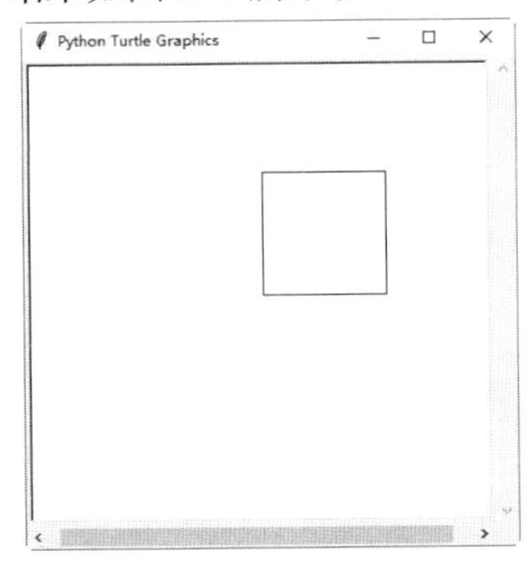

图 2-8　实例 2-1 运行结果图

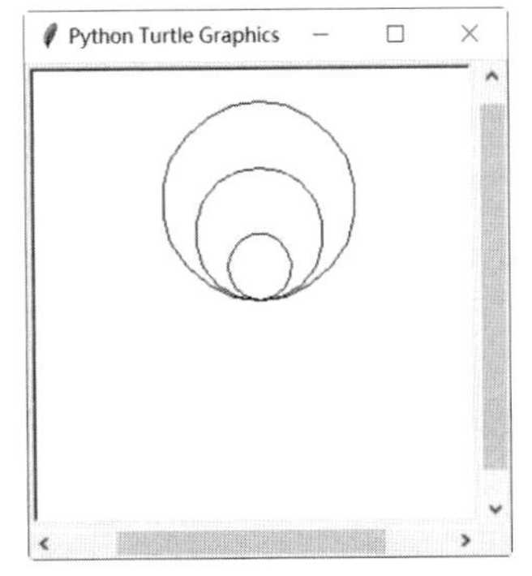

图 2-9　实例 2-2 运行结果图

【实例 2-3】绘制三个半径不同的同心圆。

【分析】要使用 turtle 库中的函数，必须使用 import 命令导入 turtle 库，再使用 setup()函数设置画布的大小和位置。

可使用三次 circle()函数绘制三个圆。若圆的半径分别为 60、90 和 120，下面依次分析这三个圆的绘制方法。三个圆的起始位置如图 2-10 所示。

当绘制第一个半径为 60 的圆时，由于从坐标原点开始绘制，当圆绘制完成后，圆心在(0,60)处。

当绘制第二个半径为 90 的圆时，若不改变绘制的起始位置，将不会绘制为同心圆。根据圆心位置(0,60)及半径 90，计算第二个圆的起始位置的纵坐标 $y=60-90=-30$，因此先起笔，将画笔移动至(0,-30)处后再落笔绘制第二个圆。

当绘制第三个半径为 120 的圆时，根据绘制第二个圆的分析，计算第三个圆的起始位置的纵坐标 $y=60-120=-60$，因此先起笔，将画笔移动至(0,-60)处后再落笔绘制第三个圆。

参考程序如下：

```
import turtle
turtle.setup(400,400)
turtle.circle(60)
turtle.penup()
turtle.goto(0,-30)
turtle.pendown()
turtle.circle(90)
turtle.penup()
turtle.goto(0,-60)
turtle.pendown()
turtle.circle(120)
turtle.hideturtle()
```

运行结果如图 2-11 所示。

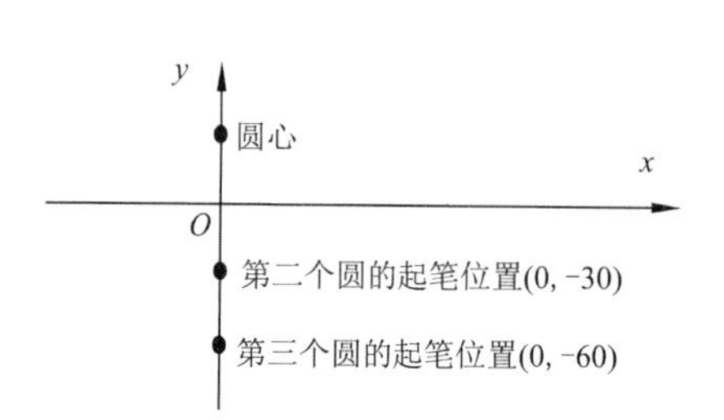

图 2-10　三个圆的起始位置示意图

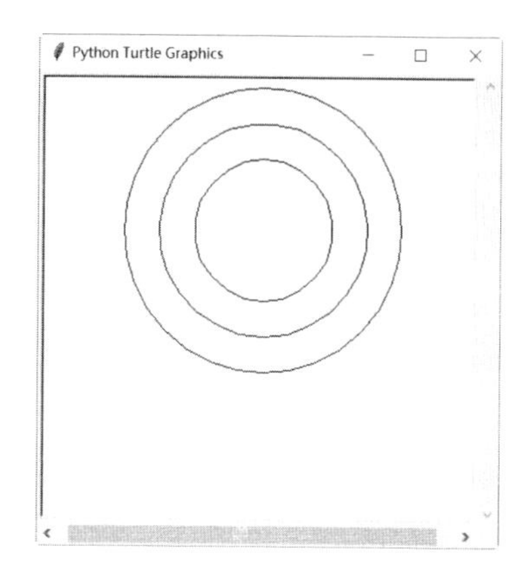

图 2-11　实例 2-3 运行结果图

请思考，若三个圆的圆心在原点(0,0)处，该如何修改程序呢?

【实例 2-4】 使用 turtle 库的 forward()及 seth()绘制一个边长为 150 的等边三角形。

【分析】 要使用 turtle 库中的函数，必须使用 import 命令导入 turtle 库；再使用 setup()函数设置画布的大小和位置。

turtle 中心点在坐标原点(0,0)处，使用 forward()先向前（*x* 轴正向）150 个像素，此时完成等边三角形底边绘制。

如果要绘制等边三角形右侧的边，此时需要移动绘制方向，如图 2-12 所示，需要使用 seth()函数逆时针旋转 180° -60° =120° ，即使用 seth(120)后，再用 forward(150)绘制出右侧的边。

如果要绘制等边三角形左侧的边，参照绘制等边三角形右侧边的方法，需要使用 seth()逆时针旋转 360° -120° =240° ，即使用 seth(240)后，再用 forward(150)绘制出左侧边。绘图完毕，将画笔隐藏。

参考程序如下：

```
import turtle
turtle.setup(400,400)
#绘制等边三角形底边
turtle.forward(150)

#绘制等边三角形右侧边
turtle.seth(120)
turtle.forward(150)

#绘制等边三角形左侧边
turtle.seth(240)
turtle.forward(150)
turtle.hideturtle()
```

运行结果如图 2-13 所示。

【实例 2-5】 用红色绘制一个心形，并用粉红色进行填充。

【分析】 要使用 turtle 库中的函数，必须使用 import 命令导入 turtle 库；再使用 setup()函数设置画布的大小和位置。

图 2-12　等边三角形右侧的边绘制示意图

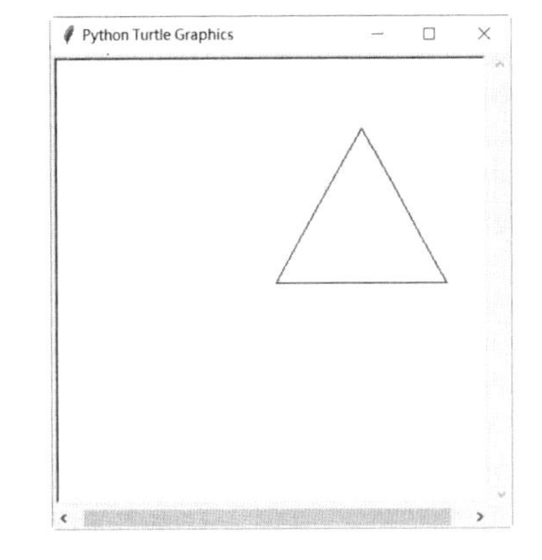

图 2-13　实例 2-4 运行结果图

因使用红色绘制心形，粉红色进行填充，将 color()函数的两个参数分别设置为'red'和'pink'。因心形是个封闭图形，使用 begin_fill()开始填充。

先绘制心形左下侧的边，需相对于 x 轴，向左旋转 135°，即使用 left(135)，再使用 fd(100)绘制长 100 的直线。然后绘制心形左上侧的半圆，此时相对于左下侧的边，需向右旋转 180°，即使用 right(180)，绘制的半圆是逆向的，因此使用 circle(50,-180)。

关于心形右侧的绘制，请参考左侧的绘制步骤。

心形绘制完成，填充也完成后，使用 end_fill()函数并使用 hideturtle()函数隐藏画笔。

参考程序如下：

```
import turtle
turtle.setup(400,400)
turtle.color('red','pink')
turtle.begin_fill()
turtle.left(135)
turtle.fd(100)
turtle.right(180)
turtle.circle(50,-180)
turtle.left(90)
turtle.circle(50,-180)
turtle.right(180)
turtle.fd(100)
turtle.end_fill()
turtle.hideturtle()
```

图 2-14　实例 2-5 运行结果图

运行结果如图 2-14 所示。

【实例 2-6】在 500×500 的画布上绘制 1 个正方形和 1 个圆。要求如下：

① 正方形的边长为 200，画笔颜色为红色，画笔宽度为 5。

② 在①中所绘制的正方形中绘制一个内切圆，画笔颜色为蓝色，填充颜色为黄色，画笔宽度为 7。

③ 绘图结束，隐藏画笔的 turtle 形状。

【分析】根据题目要求，在导入 turtle 库后，先使用 setup()函数设置画布的大小，再分别绘制正方形和圆。

在绘制正方形前，使用 pencolor()函数设置画笔的颜色，使用 penside()函数设置画笔的宽度，再根据【实例 2-1】的分析绘制正方形。

正方形绘制完毕，此时的画笔在圆点处，如果要绘制该正方形的内切圆，根据几何知识分析可知，该圆同正方形四条边的中点相交，因此可以使用 forward()函数将画笔移动到最下方边的中点处，移动前要使用 penup()函数抬起画笔，这是为了避免绘制多余几何元素，移动结束使用 pendown()函数使画笔落下，才能绘制图形。因要求使用黄色填充圆，因此可以使用 color()函数设置画笔颜色和填充色，设置画笔宽度后，再使用 circle()函数绘制圆形，注意使用 begin_fill()函数和 end_fill()函数。

最后使用 hideturtle()函数隐藏画笔形状。

参考程序如下：

```
import turtle

turtle.setup(500,500)
turtle.pensize(5)
turtle.pencolor("red")

turtle.forward(200)
turtle.left(90)
turtle.forward(200)
turtle.left(90)
turtle.forward(200)
turtle.left(90)
turtle.forward(200)
turtle.left(90)
'''
在学习循环的相关知识后，绘制正方形的代码可以更改为:
for i in range(0,4):
    turtle.forward(200)
    turtle.left(90)
'''

turtle.color("blue","yellow")
turtle.pensize(7)
turtle.penup()
turtle.forward(100)
turtle.pendown()
turtle.begin_fill()
turtle.circle(100)
turtle.end_fill()
turtle.hideturtle()
```

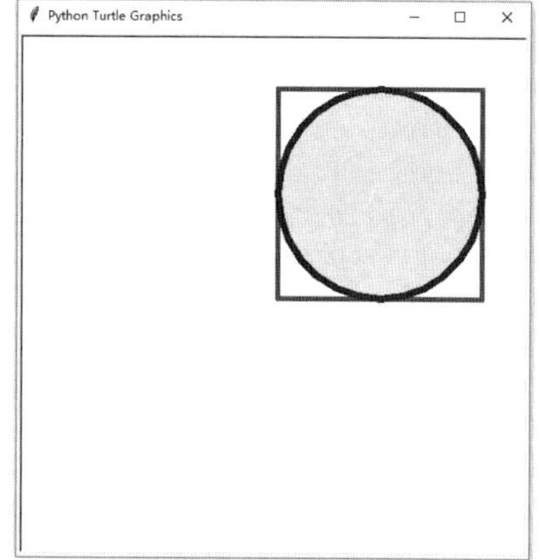

图 2-15 实例 2-6 运行结果图

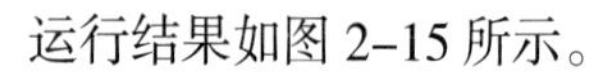
运行结果如图 2-15 所示。

五、实验作业

【作业 2-1】编写程序，绘制半径分别为 20、30 和 40 的三个同心圆，圆心位置在原点(0,0)处。

【作业 2-2】编写程序，绘制三个半径相同的外切圆。

【作业 2-3】编写程序，绘制大写字母“L”。

【作业 2-4】turtle.circle(radius,extent=None,steps=None)。

功能：以给定半径画圆或圆的内切多边形。

参数：

radius：半径。半径为正（负）表示圆心在画笔的左边（右边）画圆。

extent：弧度。

extent(optional)：弧度。

steps(optional)：作半径为 radius 的圆的内切正多边形，多边形边数为 steps。

例如：turtle.circle(100,360,3)表示绘制一个半径为 100 的圆的内切三角形，如图 2-16 所示。

编写程序，依次绘制半径为 150 的圆的内切三角形、四边形和五边形。

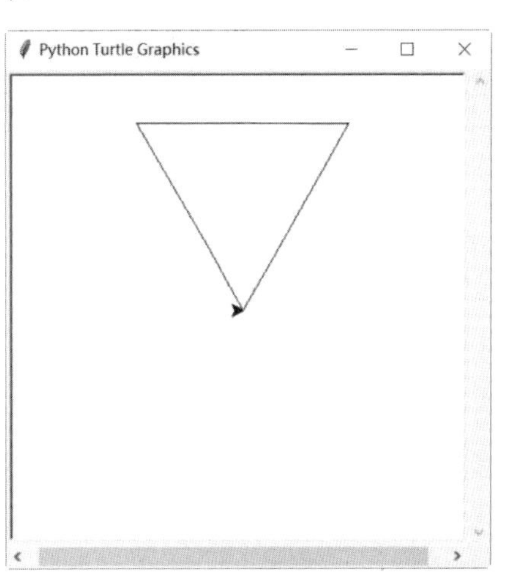

图 2-16 半径为 100 的圆的内切三角形

【作业 2-5】在 500 × 500 的画布上绘制一个圆和一个正五边形。要求如下：

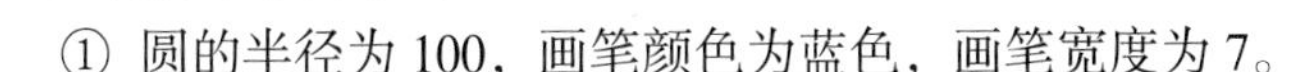

① 圆的半径为 100，画笔颜色为蓝色，画笔宽度为 7。

② 在要求①中所绘制的圆中绘制一个内切正五边形，画笔颜色为红色，填充颜色为黄色，画笔宽度为 5。

③ 绘图结束，隐藏画笔的 turtle 形状。

【作业 2-6】在 400 × 400 的窗体上绘制一个正六边形和一个正方形。要求如下：

① 正六边形的边长为 100，画笔宽度为 3，画笔为红色。

② 正方形以正六边形的最下方的一条边为正方形最上方的一条边绘制画笔宽度为 3，画笔颜色为蓝色，使用黄色填充该正方形。

③ 绘图结束，隐藏画笔的 turtle 形状。

提示： n 边形内角和的计算方法为 $(n-2) \times 180°$ （$n \geq 3$，且 n 为整数）。

实验 3

Python 数据类型与表达式 «‹

一、实验目的

- 掌握常用数据类型的使用。
- 掌握基本运算符的使用。
- 掌握不同类型数据之间转换的方式。
- 掌握数据的输入/输出的基本方法。

二、实验学时

1 学时。

三、实验预备知识

本章内容是编程的基础知识，知识点琐碎，但都是学习编程必须掌握的。

1．常用数据类型

（1）整数

整数类型的表示方法如下：

- 十进制整数：与数学上的写法完全相同，如 1、100、-235。
- 二进制整数：以 0b 开头，后跟二进制数的数据，如 0b101。
- 八进制数：以 0o 开头，后跟八进制数的数据，如 0o257。
- 十六进制数：以 0x 开头，后跟十六进制数的数据，如 0x743f。

整数类型与数学中的整数一致，有正数与负数，取值范围受计算机内存的限制。

（2）浮点数（float）

浮点数的表示方法如下：

- 十进制小数表示法，如 1234.5、0.0。
- 科学计数表示法，如 1.2345e3。

浮点数与数学中的小数一致，有正数与负数，取值受当前使用系统的限制。

（3）复数（complex）

复数的表示方法：采用 a+bj 或 complex(a,b)形式表示。

复数与数学中的复数一致，由实数部分和虚数部分组成，这两部分的数值都是浮点数，用 real 和 imag 分别获得它的实数部分和虚数部分。

（4）字符串（str）

字符串的表示方法如下：

- 单行字符串用单引号或双引号括起来。
- 两行及以上多行字符串用三引号括起来。

作为字符序列，字符串可以对其中单个字符或字符片段进行索引。字符串有两种序号体系：正向递增序号和反向递减序号。正向递增以最左侧字符序号为0开始向右依次递增；反向递减序号以最右侧字符序号为-1，向左依次递减。字符片段访问方式又称切片，采用[N:M]格式，表示字符串从N到M（不包含M）的子字符串，其中，N和M为字符串的索引序号，可以混合使用正向递增序号和反向递减序号。

关于字符串的处理方法有以下几种：

+：字符串连接。

*：字符串复制。

in：字符串查找。

常用字符串处理函数如下：

len()：返回字符串的长度，即字符数。

str()：返回任意类型x对应的字符串形式。

chr()：返回Unicode编码对应的字符。

（5）布尔类型（bool）

布尔类型数值与布尔代数的表示完全一致，只有True和False两种值（注意大小写），来表示真（对）或假（错），在计算机中可用1和0表示。

布尔值可以进行以下运算：

① and（与）运算：只有两个运算数都为True时结果才为True，只要有一个为False结果即为False。

② or（或）运算：只有两个运算数都为False时，结果才为False，只要有一个为True结果即为True。

③ not（非）运算：功能是取反，即将True转成False，将False转成True。

（6）列表（list）

用方括号括住一组数据表示一个列表。数据可以是整型数据、字符串型数据、布尔型数据，个数没有限制，并且同一个列表中元素的类型也可以不同。列表的语法格式为：

```
[value1,value2,…,valuen]
```

（7）元组（tuple）

注意：同一集合中只能存储不可变的数据类型，包括整型、浮点型、字符串、元组，无法存储列表、字典、集合这些可变的数据类型。

元组的语法格式为：

```
(value1,value2,…,valuen)
```

元组与列表类似，但是在Python中元组是不可变数据类型。元组一旦初始化之后，元组的元素就不能修改。因为元组元素不可变，所以其代码更为安全。基于这一点考虑，Python程序中能用元组代替列表的就尽量使用元组。

（8）字典（dict）

Python 字典是一种无序的、可变的序列，它的元素是由键值对组成的，字典中的值通过键来引用，字典的语法格式为：

```
{k1:v1,k2:v2,…,kn:vn}
```

其中 ki 为键，vi 为值。每个键与值用冒号隔开，前面为键，后面为值。各个键值对之间用逗号分隔，字典整体放在花括号中。键必须为字符串，独一无二，但其值不必一定为字符串。值可以取任何数据类型，但必须不可变，如字符串、数或元组。

（9）集合（set）

Python 中的集合，和数学中的集合概念一样，集合是一个无序不重复元素的序列，其基本功能是完成成员之间关系测试和删除重复元素。集合的语法格式为：

```
{value1,value2,…valuen}
```

2. 基本运算符

Python 表达式是值、变量和操作符的组合。运算符是组成表达式的基本成分。Python 中的运算符种类丰富、功能强大，主要有算术运算符、比较运算符、赋值运算符、位运算符、逻辑运算符、成员运算符、身份运算符等。多种运算符在一起存在优先级的问题。

（1）算术运算符

算术运算符有：+、-、*、/、%（求模）、**（乘方）、//（两数相除向下取整）。

（2）比较运算符

比较运算符有：==（等于）、!=或<>（不等于）、>、<、>=、<=。

比较运算结果只有两个：True 和 False。

（3）赋值运算符

赋值运算符主要有以下几种：

=：简单赋值运算符，右边表达式的值赋给左边的变量。

复合赋值运算符：将右边表达式的值与左边变量的值运算后再赋值给左边的变量，有+=、-=、*=、/=、%=、//=（取整除赋值运算符）、**=（幂赋值运算符）。

（4）逻辑运算符

逻辑运算符有三种：and、or、not。

（5）位运算

位运算有以下几种：

&：按位与运算符，参与运算的两个值，如果两个相应位都为 1，则该位的结果为 1，否则为 0。

|：按位或运算符，只要对应的两个二进位有一个为 1 时，结果位就为 1。

^：按位异或运算符，当两对应的二进位相异时，结果为 1。

~：按位取反运算符，对数据的每个二进制位取反，即把 1 变为 0，把 0 变为 1。

<<：左移动运算符，运算数的各二进位全部左移若干位，由“<<”右边的数指定移动的位数，高位丢弃，低位补 0。

>>：右移动运算符，把“>>”左边运算数的各二进位全部右移若干位，“>>”右边的数

指定移动的位数。

（6）成员运算符

成员运算符有两种：in 和 not in。

in：如果在指定的序列中找到值返回 True，否则返回 False。

not in：如果在指定的序列中没有找到值返回 True，否则返回 False。

（7）身份运算符

身份运算符有两种：is 和 is not。

is：如果两侧引用的是同一个对象则返回 True，否则返回 False。

is not：如果两侧引用的是不同对象则返回 True，否则返回 False。

以上介绍的运算，运算优先级从高到低排列为：**、+、−、*、/、%、//、+、−、<<、>>、&、^、|、<、<=、>、>=、!=、==、%=、is、is not、in、not in、not、or、and。

3．不同类型数据之间的转换

（1）数值类型的转换

int(x)：转换成整数。

float(x)：转换成浮点数。

complex(x)：将 x 转换为一个复数，实数部分为 x，虚数部分为 0。

complex(x,y)：将 x 和 y 转换为一个复数，实数部分为 x，虚数部分为 y。

（2）字符串类型的转换

str(x)：将任意类型 x 转换为字符串形式。

chr(x)：将 Unicode 编码 x 转换为对应的字符。

ord(x)：将单字符 x 转换为对应的 Unicode 编码。

4．运算符与表达式

（1）算术运算符

常用的算术运算符除了+、−、*、/之外，还有%（求模）、**（乘方）、//（取整除）。

（2）比较运算符

常用的有>、>=、<、<=，表示方法和意义与数学中的一致。与数学不一致的是：

==：等于。

!=：不等于。

（3）赋值运算符

基本赋值运算符“=”是将其右边表达式的返回值赋给其左边变量。

Python 中还有复合赋值运算符：+=、−=、*=、/=、%=、//=、**=，其意义是对其右边表达式的返回值与左边变量进行相应的算术运算，再将值赋给左边变量。

（4）逻辑运算

逻辑运算的结果为布尔型数据，规则如下：

and：逻辑与，当 a 为 True 时才计算 b，只有 a 和 b 都为 True 时才为 True。

or：逻辑或，当 a 为 False 时才计算 b，只有 a 和 b 都为 False 时才为 False。

not：逻辑非。

（5）运算优先级

如果一个表达式中包括有多个运算符时，运算符就要有优先级的约定。Python 中常用的运算符的优先级从高到低排列见表 3-1。

表 3-1　运算符优先级从高到低排列

运　算　符	说　　明	优　先　级
**	指数	高 ↓ 低
~x	按位翻转	
+x，-x	正负号	
*，/，%，//	乘法、除法、取余、取整除	
+，-	加法与减法	
<<，>>	移位	
&	按位与	
^	按位异或	
|	按位或	
<，<=，>，>=，!=，==	比较	
=，%=，/=，//=，==，+=，*=，**=	赋值运算符	
is，is not	身份运算符	
in，not in	成员运算符	
not x	布尔“非”	
or，and	布尔“或”“与”	

（6）表达式

在 Python 中，将不同类型的数据（常量、变量、函数）用运算符按照一定的规则连接起来的式子称为表达式。

（7）常用内置函数

abs(x)：求 x 的绝对值。

pow(x,y)：x**y。

round(x[,ndigits])：对 x 四舍五入，保留 ndigits 位小数。

max(x1,x2,…,xn)：求最大值。

min(x1,x2,…,xn)：求最小值。

eval(str)：计算在字符串中的有效 Python 表达式，并返回一个数值。

len(x)：求字符串长度。

hex(x)：十六进制数小写形式字符串。

oct(x)：八进制数小写形式字符串。

（8）math 库函数

注意使用前先用 import math 导入该库。

常用的 math 库函数及说明见表 3-2。

表 3-2　常用 math 库函数及说明

函　数	数 学 表 示	说　　明
圆周率 pi	π	π 的近似值，15 位小数
自然常数 e	e	e 的近似值，15 位小数
ceil(x)	$\lceil x \rceil$	对浮点数向上取整
floor(x)	$\lfloor x \rfloor$	对浮点数向下取整
log(x)	$\ln x$	以 e 为底的对数
log10(x)	$\lg x$	以 10 为底的对数
sqrt(x)	计算 x 的算术平方根	算术平方根
exp(x)	e^x	e 的 x 次幂
sin(x)	$\sin x$	正弦函数
cos(x)	$\cos x$	余弦函数
tan(x)	$\tan x$	正切函数
asin(x)	$\arcsin x$	反正弦函数，$x \in [-1.0,1.0]$
acos(x)	$\arccos x$	反余弦函数，$x \in [-1.0,1.0]$
atan(x)	$\arctan x$	反正切函数，$x \in [-1.0,1.0]$

5. 数据的输入/输出

（1）标准输入/输出

① input()函数：作用是从控制台获得用户的一行输入。无论用户输入什么内容。input()函数都以字符串类型返回结果。如果需要非字符串，那么还要做后期的转换处理。

input()函数可以包含一些提示性文字，用来提示用户。

input()函数是以换行作为输入结束标志，所以它对用户的换行不读入。还可以输入多个数据，例如：

```
>>> x=int(input("请输入一个整数x="))
请输入一个整数x=
```

从以上例子可以看到，通过 input()函数输入的数据，返回给 x 的应该是字符串型数据，如果想要得到整数，还要通过 int()函数进行转换。其中"请输入一个整数 x="是提示字符，执行后会原样显示。

又如：

```
>>> x,y=eval(input())
10,100
```

以上这个例子是同时输入两个数据。

② print()函数：用于输出运算结果，可输出字符串或单个变量，还可输出多个变量，变量之间用空格分隔。也可以混合输出字符串与数值。例如：

```
>>> print("abc")
abc
>>> print(123)
123
>>> a=456
```

```
>>> print(a)
456
>>> print(a,a,a)
456 456 456
>>> name="An"
>>> num=123
>>> print("Name:{}\nNumber:{}".format(name,num))
Name:An
Number:123
```

（2）格式化输出

格式化输出有多种方式：

① print("<格式符>" % <数值元组>)。

其中格式符为：%[类型][对齐][显示宽度][小数点后精度]

对齐项中的+表示右对齐，–表示左对齐，' '为一个空格，表示在正数的左侧填充一个空格，0 表示使用 0 填充。

格式化输出类型有：

%s、%r、%c、%b、%d、%i、%o、%%、%x、%e、%E、%f、%F、%g、%G

例如：

```
>>> print("圆的周长为: 2*%.2f * %.2f=%.2f"%(3.14,2.5,2*3.14*2.5))
圆的周长为: 2*3.14 * 2.50=15.70
```

② format 基本方法。

format()函数把字符串当成一个模板，通过传入的参数进行格式化，并且使用大括号{}作为特殊字符代替%，优点是参数可以多次被使用。

格式："字符串 k1{} 字符串 k2{}…".format("字符串 n1,字符串 n2,…")

例如：

```
>>> "name:{0} ID:{1}".format('zhangli','123')
'name:zhangli ID:123'
>>> "name:{} ID:{}".format('zhangli','123')
'name:zhangli ID:123'
>>> '数字{1}{2}和{0}'.format("123",456,'789')
'数字 456789 和 123'
>>> '数字{0}{1}和{0}'.format("123",456)
'数字 123456 和 123'
```

③ 用 format 多种参数。

基本格式为：<字符串 1>.format(p0,p1,…,k0=v0,k1=v1,...)

说明：字符串 1 包括需要格式化输出的部分，这些部分各用花括号括起来。

format 后面的参数表示需要格式化输出的变量。

例如：

```
>>> '{:>8}'.format('123456')
'  123456'
>>> '{:,}'.format(123456)
'123,456'
```

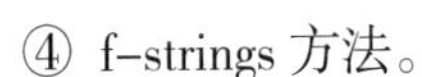

④ f-strings 方法。

用 print()函数将用 f-strings 方法格式化后的字符串输出。

例如：

```
>>>num=2
>>>print(f"He has {num} books. ")
He has 2 books.
```

四、实验内容和要求

【实例 3-1】 编写程序，进行英里与米、海里与米的换算。要求从键盘输入英里与海里，输出换算后的米数。

【分析】 首先要用 input()函数输入英里数，再用英里数乘以 1 609 得到相应的米数。这里的英里数必须是数值型数据才能进行后面的乘法运算，但 input()函数只会以字符串类型返回结果，所以要想把输入的数据以数值型赋值给变量，要用 eval()函数进行数据转换，将字符串转换为数值。最后再将换算后的结果输出来。依此类推，输入海里数，换算成相应的米数输出。

参考程序如下：

```
mile=eval(input("请输入英里数:  mile="))              #变量 mile 用来存英里数
dislong=mile*1609                                     #变量 dislong 用来存换算后的米数
print("{} miles ={}m".format(mile,dislong))
seamile=eval(input("请输入海里数:  seamile="))        #变量 seamile 用来存海里数
dislong=seamile*1852
print("{} seamiles ={}m".format(seamile,dislong))
```

运行结果如下：

```
请输入英里数: mile=10
10 miles =16090m
请输入海里数: seamile=10
10 seamiles =18520m
```

提示： 请初学者仔细对照项目分析读懂程序，然后再对照程序模仿练习。如果运行出错，请根据错误提示进行改正。初学者易犯的错误基本上都是误写中文符号或输错代码。

【实例 3-2】 编写程序，从键盘输入三个整数，分别赋值给变量 a、b、c，求一元二次方程 $ax^2+bx+c=0$ 的两个根（假设此方程有两个不相等实根），要求输出时精确到小数点后两位。

【分析】 根据题目要求，首先输入三个整数，分别赋值给变量 a、b、c，这要用到 input()函数，还是要用 int()函数进行数据转换，将字符串转换为整数赋值给变量 a、b、c。然后解一元二次方程，实根为 $x=\dfrac{-b\pm\sqrt{b^2-4ac}}{2a}$，将此数学公式用 Python 表达式书写规则正确书写成 x1=(–b+math.sqrt(b**2–4*a*c)/(2*a)及 x2=(–b–math.sqrt(b**2–4*a*c))/(2*a)。因为要用到求算术平方根数学函数，所以要在程序前面引用 math 库。最后输出结果时，要用 print()格式化输出将结果精确到小数点后两位。

参考程序如下：

```
import math
a,b,c=eval(input("请输入 a、b、c 的值"))
x1=((-b+math.sqrt(b**2-4*a*c))/(2*a))
x2=((-b-math.sqrt(b**2-4*a*c))/(2*a))
print("x1=%.2f\nx2=%.2f"%(x1,x2))
```

运行结果如下：

```
请输入a、b、c的值3,4,-8
x1=1.10
x2=-2.43
```

提示：请初学者注意引用math库的写法。运行程序出错后，注意阅读出错信息，对照进行修改。

【实例3-3】编写程序，从键盘上输入一串小写英文字母，将字符串的第一个字母转换成大写英文字母输出。

【分析】大写字母所对应的Unicode编码比小写字母小32。本例利用这一特点，进行字母大小写之间的转换。根据题意：先输入一串英文小写字母，根据字符串序列操作，将序号为0的即最左边的字符取出赋值给变量，然后用ord()函数返回此字符的Unicode编码，让其加32，变成其大写字母的Unicode编码，再用chr()函数返回此编码对应的字符，即将小写字母转换成了大小字母，并将其用print()函数输出。

参考程序如下：

```
tr1=input("请输入一串小写英文字母: ")
s=str1[0]
print(chr(ord(s)-32))
```

运行程序，输入china，结果如下：

```
请输入一串小写英文字母: china
C
```

由此例可以看出，一个字母的大小写之间ASCII码相差32，相邻的字母之间ASCII码相差1，因此可将大小写字母相互转换，亦可由当前字母转换成其他字母。

【实例3-4】编写程序，从键盘输入一个整数，判断此整数能否被7整除而不能被3整除，满足条件输出“是”，不满足输出“否”。

【分析】根据题意，先用input()函数输入一个整数，并赋值给一个变量。如果这个变量除以7的余数等于0，说明这个变量能被7整除。如果这个变量除以3的余数不等于0，说明它不能被3整除。题目要求满足这两个条件，这两个条件应该是并的关系。这里要用到双分支结构。

参考程序如下：

```
i=int(input())
if i%7==0 and i%3!=0:
    print("是")
else:
    print("否")
```

运行程序，输入49，结果如下：

```
49
是
```

提示：本例用到了后面章节中的双分支结构if...else语句，请初学者认真体会，注意其语法结构。

【实例3-5】分析以下程序：

```
i=eval(input("请输入一个数"))
```

```
print(int(i))
print(float(i))
```

【分析】程序第1行是从键盘输入一个数据，并将其转换成数值后赋给变量i。第二行是将变量i转换成整数后输出。第三行是将变量i转换成浮点数输出。第一次运行程序，输入5.8，运行后结果如下：

```
请输入一个数5.8
5
5.8
```

由上面结果可以看出，int()函数将一个浮点数转换成整数时，没有四舍五入，只是单纯将小数部分舍去，准确地说是取整数部分。

再次运行程序，输入5，结果如下：

```
请输入一个数5
5
5.0
```

由上面结果可以看出，将整数转换成浮点数，是在整数后面加了“.0”。

如果对程序稍加改动，参考程序如下：

```
i=eval(input("请输入一个数"))
k=int(i)
print(k)
m=float(k)
print(m)
```

运行程序，依然输入5.8，运行结果如下：

```
请输入一个数5.8
5
5.0
```

从本项目第一个运行结果和最后一个运行结果，分析程序变动中的区别，思考为什么会有这样的不同。

这是因为原程序中变量i经转换类型后产生一个临时的整数5，变量i原来的数据类型依然不变，值还是浮点数5.8。所以print(int(i))的结果是将临时的整数5输出，而下面执行print(float(i))是将原变量i的值5.8以浮点数输出，结果为5.8。而改动程序后，k=int(i)将i变量5.8转换成整数5赋值给k，k的值即整数5。print(k)就将整数k输出，结果是5。之后m=float(k)，是将整数k转换成浮点数5.0赋值给m，那么m就是浮点数，其值为5.0。最后print(m)当然就把浮点数5.0输出。

【实例3-6】print()格式化输出的基本用法练习。

参考程序如下：

```
num1,num2=100,200
print("八进制输出: 0o%o,0o%o"%(num1,num2))
print("十六进制输出: 0x%x,0xo%x"%(num1,num2))
print("十进制输出: %d,%d"%(num1,num2))
num03=123456.789
print("标准模式: %f"%num03)
print("保留两位有效数字: %.2f"%num03)
print("e的标准模式: %e"%num03)
print("e的保留两位有效数字: %.2e"%num03)
```

```
print("g 的标准模式: %g"%num03)
print("g 的保留两位有效数字: %.2g"%num03)
str1="abcdefg"
print("标准输出: %s"%str1)
print("固定空间输出: %10s"%str1)        #占 10 位右对齐
print("固定空间输出: %-10s"%str1)       #占 10 位左对齐
print("截取: %.2s"%str1)                #截取前 2 个字符
print("截取: %10.2s"%str1)              #占 10 位取 2 个字符右对齐
print("截取: %-10.2s"%str1)             #占 10 位取 2 个字符左对齐运行程序
```

运行结果如下：

```
八进制输出: 0o144,0o310
十六进制输出: 0x64,0xoc8
十进制输出: 100,200
标准模式: 123456.789000
保留两位有效数字: 123456.79
e 的标准模式: 1.234568e+05
e 的保留两位有效数字: 1.23e+05
g 的标准模式: 123457
g 的保留两位有效数字: 1.2e+05
标准输出: abcdefg
固定空间输出:    abcdefg
固定空间输出: abcdefg
截取: ab
截取:         ab
截取: ab
```

五、实验作业

【作业 3-1】已知：m=11，n=41，输出 m 和 n 的二次方、三次方和四次方。

要求：每个数据占 8 列，左对齐。

效果如下：

121　　　1331　　　14641

1681　　　68921　　2825761

【作业 3-2】编写程序，将圆周率取为 3.14，从键盘输入底面圆的半径和圆柱的高，在屏幕上输出圆柱体的体积（精确到小数点后两位）。

【作业 3-3】编写程序，从键盘输入一个整数，判断这个数是奇数还是偶数，并将结果输出。

【作业 3-4】编写程序，从键盘输入一个三位整数，判断这个数是否为水仙花数，如果是水仙花数，请输出“yes”，如果不是水仙花数，请输出“no”。

水仙花数是指一个三位数，它的每个数位上的数字的三次方之和等于它本身。例如：$1^3+5^3+3^3=153$。

【作业 3-5】编写程序，输入华氏温度，转换为摄氏温度输出，数值精确到小数点后一位。（摄氏温度=(5/9)*(华氏温度-32)）

实验 4

Python 中的常用库函数 «‹

一、实验目的

- 了解 Python 中的数学函数 math 库，熟练掌握常用的数学函数。
- 了解 Python 中的随机函数 random 库，熟练掌握生成既定要求随机数的方法。
- 了解 Python 中的时间函数 time 库，能够处理与时间相关的问题。

二、实验学时

1 学时。

三、实验预备知识

1．Python 中的数学函数库 math

数学函数库 math 提供了对 C 标准定义的数学函数的访问，这些函数不适用于复数。如果需要计算复数，请使用 cmath 模块中的同名函数。将支持计算复数的函数区分开的目的，来自大多数开发者并不愿意像数学家一样需要学习复数的概念。得到一个异常而不是一个复数结果，使开发者能够更早地监测到传递给这些函数的参数中包含复数，进而调查其产生的原因。该模块提供的函数，除非另有明确说明，否则所有返回值均为浮点数。

math 库提供了数字常数和常用函数。常用函数共分为四类：数值表示函数、幂对数函数、三角对数函数和高等特殊函数。以下对除高等特殊函数外的常用函数进行简单介绍。

（1）math 库的导入

math 库中的函数不能直接使用，需先用关键字 import 导入该库。可采用以下两种方式：

第一种：import math。

使用时，可采用“math.函数名(参数)”的方式。

第二种：from math import *（*为通配符，表示所有函数）。

使用时，可采用“math.函数名(参数)”的方式或“函数名(参数)”的方式。

（2）数字常数

常用的数字常数因 Python 版本而不同。在 Python 3.9 以上版本中，数字常数有五个，见表 4–1。

表 4–1　Python 3.9 以上版本中的数字常数

数字常数	数学表示	描　　述
math.pi	π	圆周率，值为 3.141 592 653 589 793，精确到可用精度
math.e	e	自然对数，值为 2.718 281 828 459 045，精确到可用精度
math.tau	τ	τ =6.283 185...，精确到可用精度。τ 是一个圆周常数，等于 2π，圆的周长与半径之比
math.inf	+∞	正无穷大，负无穷大为–math.inf
math.nan	–	非浮点数标记，NAN（Not a Number）

（3）数值表示函数

在 Python 3.9 以上版本中，常用的数值表示函数见表 4-2。

表 4-2　Python 3.9 以上版本常用数值表示函数

函数名称	数学表示	描　述
math.fabs(x)	$\|x\|$	返回 x 的绝对值
math.fmod(x,y)	$x\%y$	返回 x 与 y 的模
math.fsum([x,y,…])	$x+y+\dots$	浮点数精度求和
math.ceil(x)	$\lceil x \rceil$	对浮点数向上取整
math.floor(x)	$\lfloor x \rfloor$	对浮点数向下取整
math.factorial(x)	$x!$	返回 x 的阶乘，若 x 是小数或者负数，返回 ValueError
math.pow(x,y)	x^y	计算 x 的 y 次方
math.gcd(a,b)	–	返回 a 和 b 的最大公约数

（4）幂对数函数

在 Python 3.9 以上版本中，常用的幂对数函数见表 4-3。

表 4-3　Python 3.9 以上版本常用幂对数函数

函数名称	数学表示	描　述
math.pow(x,y)	x^y	返回 x 的 y 次幂
math.sqrt(x)	$\sqrt{x}$	返回 x 的算术平方根
math.log(x)	$\ln x$	以 e 为底的对数
math.log10(x)	$\lg x$	以 10 为底的对数
math.exp(x)	e^x	e 的 x 次幂

（5）三角函数

在 Python 3.9 以上版本中，常用的三角函数见表 4-4。

表 4-4　Python 3.9 以上版本常用三角函数

函数名称	数学表示	描　述
math.degree(x)	–	将弧度值转换成角度值
math.radins(x)	–	将角度值转换成弧度值
math.sin(x)	$\sin x$	正弦函数
math.cos(x)	$\cos x$	余弦函数
math.tan(x)	$\tan x$	正切函数
math.asin(x)	$\arcsin x$	反正弦函数，$x \in [-1.0,1.0]$
math.acos(x)	$\arccos x$	反余弦函数，$x \in [-1.0,1.0]$
math.atan(x)	$\arctan x$	反正切函数，$x \in [-1.0,1.0]$

2. Python 中的 random 库

random 库是用于产生并运用随机数的 Python 标准库。从概率论角度来说，随机数是随机产生的数据（比如抛硬币），但计算机不可能产生随机值，真正的随机数也是在特定条件下产生的确定值。计算机不能产生真正的随机数，那么伪随机数也就被称为随机数。计算机中通过采用梅森旋转算法生成的（伪）随机序列元素。因此 Python 中使用 random()函数库生成的是伪随机数。使用 random 库时，需先将其导入。

random 库包含两类函数，常用的共八个。一类是基本随机函数，共两个：seed()和 random()；另一类是扩展随机函数，共六个：randint()、randrange()、getrandbits()、uniform()、choice()和 shuffle()。函数的功能及使用见表 4–5。

表 4–5　random 库函数表

函数	功能及参数	举　　例
random.seed([x])	改变随机数生成器的种子；x：种子，默认为当前系统时间	random.seed(10) #产生种子 10 对应的序列
random.random()	返回[0,1)内一个随机浮点数；无参数	random.random() #随机数产生与种子有关，如果种子是 1，第一个数必定是这个
random.randint(m,n)	返回[m,n]中的一个随机整数；m,n 必须是整数	random.randint(10,100) #生成一个在区间[10,100]的整数
random.randrange(m,n[,k])	返回[m,n)中以 k 为步长的一个随机整数；m,n,k 必须是整数，k 默认为 1	random.randrange(10,100,10) #生成一个在区间[10,100)步长为 10 的整数
random.getrandbits(k)	返回一个可以用 k 位二进制的整数；k 为整数	random.getrandbits(16) #生成一个 16 位长的随机整数
random.uniform(m,n)	返回[m,n)中的一个随机浮点数，m,n 可以是整型或是浮点型	random.uniform(10,100) #生成一个在区间[10,100)的小数
random.choice(seq) （该函数与序列相关）	返回一个列表、元组或字符串的随机项；参数为字符串、列表或元组	random.choice([1, 2, 3, 4, 5, 6, 7, 8, 9]) #随机返回序列中的某一值
random.shuffle(list) （该函数与序列相关）	将序列的所有元素随机排序；参数为列表	s=[1, 2, 3, 4, 5, 6, 7, 8, 9] random.shuffle(s) #将序列 s 中元素随机排列，返回打乱后的序列

随机数函数需要注意以下三点：

① 能够利用随机数种子产生“确定”伪随机数。先使用 seed()生成种子，再使用 random()函数产生随机数。

② 能够产生随机整数。

③ 能对序列类型进行随机操作。

3. Python 中的 time 库

在 Python 中包含了若干个能够处理时间的库，而 time 库是最基本的一个，是 Python 中处理时间的标准库。time 库能够表达计算机时间，提供获取系统时间并格式化输出的方法，提供系统级精确计时功能（可以用于程序性能分析）。

time 库包含三类函数，共七个函数。第一类是时间获取函数，共三个：time()、ctime()、gmtime()；第二类是时间格式化函数，共两个：strftime()和 strptime()；第三类是程序计时函数，共二个：sleep()和 perf_counter()。time 函数的功能及使用见表 4–6。表 4–7 所示为时间的格式化表。

表 4–6　time 库函数表

函数	功能及参数	举　　例
time.time()	获取当前时间戳，即当前系统内表示时间的一个浮点数	time.time() #返回当前系统时间，以浮点数表示

续上表

函数	功能及参数	举　例
time.ctime()	获取当前时间，并返回一个可识别方式的字符串	time.ctime() #以可识别方式返回系统当前时间 如："Thu Dec　2 13:36:45 2021"
time.gmtime()	获取当前时间，并返回计算机可处理的时间格式	time.gmtime() #可显示时间为： "time.struct_time(tm_year=2021,tm_mon=12,tm_mday=2, tm_hour=5, tm_min=39, tm_sec=28, tm_wday=3,tm_yday=336, tm_isdst=0) "
time.strftime(tpl,ts)	tpl 是格式化模板字符串（见表 4-7），用来定义输出效果；ts 是系统内部时间类型变量	t=time.gmtime() time.strftime("%Y-%m-%d %H:%M:%S",t) #可显示时间为："2021-12-02 05:44:42"
time.strptime(str,tpl)	str 是字符串形式的时间值；tpl 是格式化模板字符串，用来定义输入效果	timeStr='2021-11-26 20:15:35' time.strptime(timeStr,"%Y-%m-%d %H:%M:%S") #以设定的格式输出时间

time.perf_counter()	返回一个 CPU 级别的精确时间计数值，单位为秒。由于这个计数值起点不确定，连续调用求差值才有意义	startTime=time.perf_counter()
		#测试程序段
		endTime=time.perf_counter()
		print(endTime-startTime)
		#该程序段可用于测试程序段的运行时间

time. sleep(s)	s 为休眠时间，单位为秒，可以是浮点数	time.sleep(3.3) #程序会等待 3.3 秒继续运行

表 4-7　时间的格式化表

格式化字符串	日期/时间说明	取值范围
%Y	年份	0000—9999
%m	月份（数字）	01~12
%B	月份（英文全称）	January~December
%b	月份（英文缩写）	Jan~Dec
%d	日期	01~31
%A	星期（英文全称）	Monday~Sunday
%a	星期（英文缩写）	Mon~Sun
%H	小时（24 小时制）	00~23
%I	小时（12 小时制）	01~12
%p	上/下午	AM，PM
%M	分钟	00~59
%S	秒	00~59

四、实验内容和要求

【实例 4-1】 编写程序，从键盘输入 x（$x>0$），计算表达式的值。

$$\frac{\sin x+\sqrt[3]{4x}}{6\pi+1}$$

【分析】该表达式包含三角函数、根式以及常用的数学常量，因此需要使用到 math 库函数，可使用 import math。

对于分子中的 $\sin x$，可以描述为 math.sin(x)，其中的()是函数描述的一部分，参数为 x。$\sqrt[3]{4x}$ 需要使用到 math.pow()函数，因其两个参数分别为 4x 和 1/3。而作为算术表达式，$4x$ 应描述为 4*x（乘号不能省，如果描述为 4x，系统会报错，这是因为如果将 4x 认为是变量，不符合变量的首字符不能以数字开始的规则，如果是表达式缺少乘号）。通过分析，该部分应描述为 math.pow(4*x,1/3)。

而对于分母，π 可使用 math.pi 表示，因此分母可以描述为 6*math.pi+1。

参考程序如下：

```
import math
x=eval(input("请输入 x 的值(x>0):"))
y=(math.sin(x)+math.pow(4*x,1/3))/(6*math.pi+1)
print(y)
```

运行结果如图 4-1 所示。

```
请输入x的值:10
0.14488640420128243
```

图 4-1　实例 4-1 运行结果图

【实例 4-2】“好好学习，天天向上”的题词激励了一代又一代的中国人发奋图强建设祖国。“天天向上”的作用到底有多大呢？若以一个人第一天的能力值为基础，记为 1，当“好好学习”一天，其能力值相比前一天将提高 1‰，当虚度一天，其能力值相比前一天将下降 1‰。如果一个人每天都“好好学习”和每天都虚度，一年后（以 365 天计）其能力值相差多少呢？通过 Python 程序来进行分析。

【分析】以某人第一天的能力值为 1 为参照，第一天“好好学习”，相较前一天提高 1‰后的能力值为 1*(1+1‰)，第二天“好好学习”，相较前一天提升 1‰后的能力值为 1*(1+1‰)*(1+1‰)，即$(1+1‰)^2$，第三天“好好学习”，相较前一天提升 1‰后的能力值为 1*(1+1‰)*(1+1‰)*(1+1‰)，即$(1+1‰)^3$，依此类推，一年后该人的能力值为$(1+1‰)^{365}$，使用 math 库的 pow()函数，可描述为 math.pow(1+0.001,365)。

同理，当某人虚度一年后，其能力值可以描述为 math.pow(1−0.001,365)。

最后用“天天向上”一年的能力值减去虚度光阴一年的能力值即可。

参考程序如下：

```
import math
up=math.pow(1+0.0001,365)
dowm=math.pow(1-0.001,365)

gap=up-dowm

print("向上: {:.4f},虚度: {:.4f}".format(up,dowm))
print("通过一年的比对, “好好学习”和虚度光阴的差值为: {:.4f}".format(gap))
```

运行结果如图 4-2 所示。

```
向上: 1.0372,虚度: 0.6941
通过一年的比对，“好好学习”和虚度光阴的差值为: 0.3431
```

图 4-2　实例 4-2 运行结果图

【实例 4-3】利息的计算有两种方式：单利和复利。单利是指按照固定的本金计算的利息。复利是指在每经过一个计息期后，都要将所生利息加入本金，以计算下期的利息，即以利生利。储户在银行存款，存款利息是按单利计算的。从银行贷款，存款利息是按复利计算的。

某银行五年期存款利率为 3.25%，贷款利率为 4.65%。客户 A 存该银行 10 万元 5 年，客户 B 从该银行贷款 10 万元，5 年到期一次性支付本金和利息。通过客户 A 存款客户 B 贷款，银行能获利多少？

【分析】客户 A 在该银行 10 万元存 5 年，采用单利计息方式，即利息=存款金额×利率×年数。因此该银行在 5 年后需要支付客户 A 的利息是=100 000×3.25%×5。

客户 B 在该银行贷款 10 万元，5 年到期一次性支付本金和利息。采用复利计息方式，复利的本息计算公式是本金×(1+贷款利率)^{年份}，故客户 B 在贷款到期后，需要支付银行的利息=100 000×(1+4.65%)^{5}−100 000。

参考程序如下：

```
import math

intrestA5=100000*0.0325*5

intrestB5=100000*math.pow(1+0.0465,5)-100000

profit=intrestB5-intrestA5

print("客户 A 获得利息为: {:.2f}".format(intrestA5))
print("客户 B 支付利息为: {:.2f}".format(intrestB5))
print("银行获利: {:.2f}".format(profit))
```

运行结果如图 4-3 所示。

```
客户A获得利息为: 16250.00
客户B支付利息为: 25515.15
银行获利: 9265.15
```

图 4-3　实例 4-3 运行结果图

【实例 4-4】某减法测试器可随机自动生成一道三位数减一位数的题目，用户可以输入计算后的结果。如果用户输入正确，系统输出“恭喜你！答对了！”；如果用户输入错误，系统将输出正确结果，并且输出“你要继续努力了！”。

【分析】该减法器随机生成减法题目，因此需要导入 random 库。

先使用 random.randint(m,n)函数分别生成一个三位数和一个一位数。

三位数的范围为[100,999]，一位数的范围为[0,9]，不妨用 n1 和 n2 分别表示所生成的三位数和一位数，则 n1=random.randint(100,999)，n2=random.randint(0,9)。

然后提示用户从键盘输入 n1−n2 的结果，可使用 input()函数接收从键盘输入的结果，并将用户的输入转换为数值型。

关于对结果的判断，可使用 if...else 结构，语法如下：

```
if 条件表达式:
   代码块 1
else:
   代码块 2
```

当条件表达式的值为 True 时，执行代码块 1，为 False 则执行代码块 2。

结合本实例，若用户的答案为 ca，系统的答案为 sa，可参考以下语句编写程序：

```
if ca==sa:
    代码块 1
else:
    代码块 2
```

参考程序如下：

```
import random
n1=random.randint(100,999)
n2=random.randint(0,9)
print("{:d}-{:d}的结果是:".format(n1,n2))
ca=eval(input("请输入计算结果: "))
sa=n1-n2
if ca==sa:
    print("恭喜你! 答对了! ")
else:
    print("{:d}-{:d}的结果是{:d}".format(n1,n2,sa))
    print("你要继续努力了! ")
```

运行结果如图 4-4 所示。

```
952-5的结果是:
请输入计算结果: 947
恭喜你! 答对了!
```

（a）输入答案正确时的运行结果图

```
179-5的结果是:
请输入计算结果: 175
179-5的结果是174
你要继续努力了!
```

（b）输入答案错误时的运行结果图

图 4-4 实例 4-4 运行结果

【实例 4-5】以下程序段用于计算从 1 到 100 的和：

```
s=0
for i in range(1,101):
    s+=i

print(s)
```

编写程序，测试该程序段在你的计算机上执行的时间（以秒为单位）。

【分析】要测试一个程序段的运行时间，就要知道该程序段开始运行的时间 startTime 和运行结束的时间 endTime，执行时间就是 endTime-startTime。要获取这两个时间需要使用到 time 库中的 time.perf_counter()函数。该函数以秒为单位返回一个 CPU 级别的精确时间计数值。因此使用 import 命令导入 time 库。

可在该段程序执行前，即 s=0 这条语句前增加语句：

```
startTime=time.perf_counter()
```

在该段程序执行完成，即 print(s)这条语句后增加语句：

```
endTime=time.perf_counter()
```

最后计算 endTime-startTime 并输出即可。

参考程序如下：

```
import time
startTime=time.perf_counter()
```

```
s=0
for i in range(1,101):
    s+=i
print(s)

endTime=time.perf_counter()

exeTime=endTime-startTime

print("该程序段的执行时间为: {:f}".format(exeTime))
```

运行结果如图 4-5 所示。

```
5050
该程序段的执行时间为: 0.014005
```

图 4-5　实例 4-5 运行结果图

思考：该程序在同一台计算机上多次执行，执行时间都一样吗？如果在不同的计算机上运行，执行时间也都一样吗？

五、实验作业

【作业 4-1】编写程序，从键盘输入 x，求以下表达式的值。

① $4\cos x+\sqrt[3]{2+\sin x}$

② $2\pi x^2$

③ $\dfrac{\arctan x+\sqrt{x^2+e^2}}{3-2\cos x}$

④ $\dfrac{5!+x}{7+\cos x}$

【作业 4-2】对【实例 4-2】做如下修改：一个人当“好好学习”一天，其能力值相较前一天将提高 2‰，当虚度一天，其能力值相较前一天将下降 5‰。如果一个人每天都“好好学习”和每天都虚度，一年后（以 365 天计）其能力值相差多少呢？一个人当“好好学习”一天，其能力值相较前一天将提高 5‰，当虚度一天，其能力值相较前一天将下降 9‰。一年后（以 365 天计）其能力值又相差多少呢？编写程序，说明“好好学习，天天向上”的激励作用。

【作业 4-3】某商业银行推出一款理财产品，采用复利方式计息，即在每经过一个计息期后，都要将所生利息加入本金，以计算下期的利息。该理财产品要求 5 万元起，封闭期为 3 年，利率为 4.2%。某客户 15 万购买了该理财产品，到期后，该客户可获得多少利息？

【作业 4-4】某加法测试器可随机自动生成一道一位数加两位数的题目，用户可以输入计算后的结果。如果用户输入正确，系统输出“恭喜答对了！”；如果用户输入错误，系统将输出正确结果，并且输出“错！加油！”。

【作业 4-5】以下程序段用于计算 6！。

```
factor=1
for i in range(1,7):
    factor*=i
print(factor)
```

编写程序，测试该程序段在你的计算机上执行的时间（以秒为单位）。

实验 5

选择结构 «‹

一、实验目的

- 掌握正确使用算术表达式与逻辑表达式的方法。
- 掌握 if 分支语句的使用。
- 熟练掌握 if 语句的嵌套。
- 结合项目编程，掌握调试程序的方法。

二、实验学时

2 学时。

三、实验预备知识

1. 条件表达式

条件表达式可以由任何能够产生 True 和 False 的语句和函数构成。在 Python 中任何非零数字或非空对象都是真（True），如 5、-1、非空字符串、非空列表等。而数字零、空对象以及特殊对象 None 都被认为是假。

大多数情况下，条件由关系表达式或逻辑表达式构成。

例如：判断一个字符是不是字母，使用表达式'a'<=c<='z' or 'A'<=c<='Z'。

注意： Python 使用"="表示赋值，"=="表示相等。

2. 代码块与复合语句

代码块：Python 由缩进来区分代码之间的层次，缩进通常是相对上一层缩进 4 个空格，具有相同缩进的一行或多行语句称为代码块，缩进结束就意味着代码块结束。

子句：首行以关键字 if 与 else 开始，以冒号结束，该行之后是代码块。首行及后面的代码块称为一个子句。

复合语句：复合语句是包含其他代码块的语句。如 if 语句的 if 子句，if...else 语句的 if 子句与 else 子句，这些子句中都包含有代码块，都是复合语句。复合语句会影响或控制它所包含的代码块的执行。

图 5-1 中就有代码块、子句与复合语句。

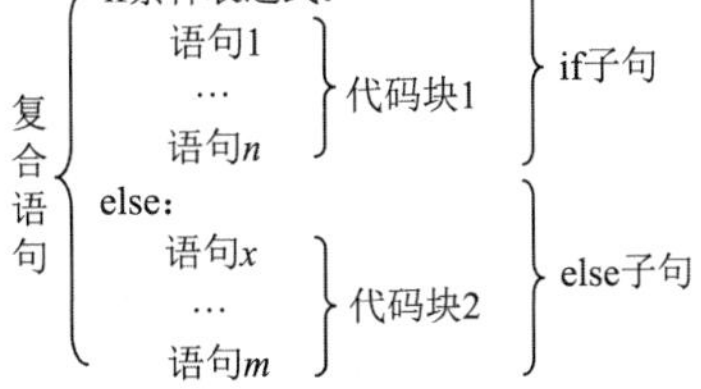

```
     if条件表达式:
         语句1  }        }
         …      }代码块1 } if子句
复       语句n  }        }
合   else:
语       语句x  }        }
句       …      }代码块2 } else子句
         语句m  }        }
```

图 5-1　双分支复合语句

3. 单分支选择结构

单分支选择结构语法格式如下：

```
if 条件表达式:
    代码块
```

可以看出 if 语句由四部分组成：①关键字（if）；②条件表达式；③冒号（:）；④在下

一行开始缩进的代码块。

其执行流程如图 5-2 所示。

if 语句根据条件表达式的结果，选择是否执行代码块。当条件表达式的值为 True 时，执行代码块，为 False 则跳过代码块。

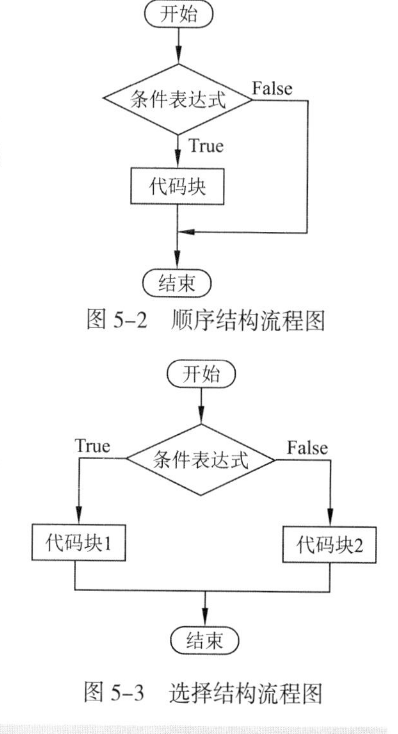

图 5-2　顺序结构流程图

图 5-3　选择结构流程图

4．双分支选择结构

```
if 条件表达式:
    代码块 1
else:
    代码块 2
```

其执行流程如图 5-3 所示。

当条件表达式的值为 True 时，执行代码块 1，为 False 则执行代码块 2。

5．多分支选择结构

如果程序需要处理多于两种的情况，可以用多分支选择结构，其语法格式如下：

```
if 条件表达式 1:
    代码块 1
elif 条件表达式 2:
    代码块 2
…
elif 条件表达式 n-1:
    代码块 n-1
else:
    代码块 n
```

其执行流程如图 5-4 所示。

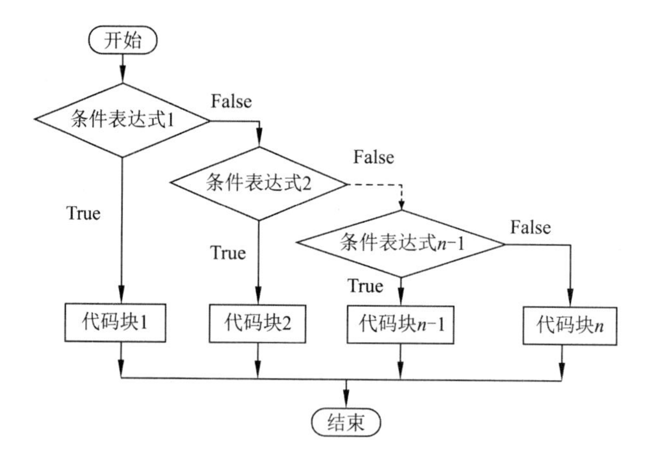

图 5-4　if...elif...else 语句执行流程

如果条件表达式 1 的结果为 True，则执行代码块 1；如果条件表达式 2 的结果为 True，则执行代码块 2；......；如果条件表达式 n-1 的结果为 True，则执行代码块 n-1；如果 else 前面的条件表达式的结果都为 False，则执行代码块 *n*。需要注意多个条件之间没有交叉重合，是互不相交的。

6. 选择结构的嵌套

选择结构的嵌套是指 if 语句内又包含 if 语句。其格式有很多，图 5-5 所示为其形式之一。

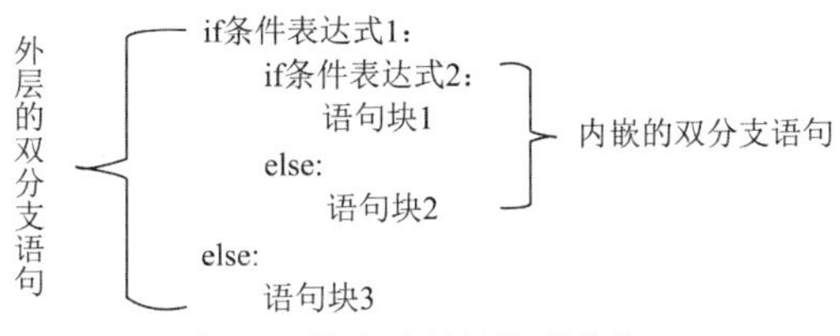

图 5-5 嵌套选择结构形式之一

嵌套的选择结构可以看成是实现多分支选择结构的另一种方法。

四、实验内容和要求

【实例 5-1】上网登录邮箱、QQ 软件等，经常要填写用户名和密码。如果输入的密码正确，程序就进行下一步，否则屏幕会显示"密码错误"，需要重新输入。假设小明的用户名为"mingming"，密码为"ming_123"，编程实现登录成功与不成功两种情况。

提示：这是一个最简单的双分支选择结构，条件值为 True 执行 if 分支，否则执行 else 分支。

参考程序如下：

```
name=input("请输入用户名\n")
pwd=input("请输入密码\n")
if name=="mingming" and pwd=="ming_123":
    print("登录成功!")
else:
    print("你输入的用户名或密码错误")
```

输入 mingming 和 ming_123，结果如图 5-6 所示。

```
请输入用户名
mingming
请输入密码
ming_123
登录成功!
>>>
```

图 5-6 实例 5-1 运行结果

【实例 5-2】编程判断一个三位数是不是水仙花数，所谓水仙花数是指一个数三位数，其各位数字立方和等于其本身。如：$153 = 1^3 + 3^3 + 5^3$。

提示：水仙花数是各位数的立方之和，故首先需得到这个三位数每位上的数字。input()函数的返回值是字符串形式。

方法一：利用字符串的索引求出每位字符，索引方向从左向右时，第一个字符的索引是 0，最后一个字符的索引是 len(s)-1，然后利用 int()函数将字符转换为整型，进而计算出各位数的立方和，代码如下：

```
n=input("请输入一个三位数:")                          #n 是字符串
my_sum=int(n[0])**3+int(n[1])**3+int(n[2])**3      #n[i]是字符串的第 i+1 个字符
if int(n)==my_sum:
    print("{}是水仙花数".format(n))
else:
    print("{}不是水仙花数".format(n))
```

分别输入 153 和 121，运行结果如图 5-7 所示。

```
请输入一个三位数:153
153 是水仙花数
>>>
```

```
请输入一个三位数:121
121 不是水仙花数
>>>
```

图 5-7　实例 5-2 运行结果

方法二：利用算术运算求出这个三位数的每一位数字，如 n//100 可以得到百位上的数字；n%100//10 先把这个三位数对 100 求余，再将余数整除 10，可以得到其十位上的数字；n%10 可以得到其个位上的数字，再计算出各位数的立方和。代码如下：

```
n=int(input("请输入一个三位数:"))
hundred=n//100    #求百位上的数字
ten=n%100//10     #求十位上的数字
one=n%10          #求个位上的数字
my_sum=hundred**3+ten**3+one**3
if n==my_sum:
    print("{}是水仙花数".format(n))
else:
    print("{}不是水仙花数".format(n))
```

分别输入 153 和 121，运行结果同上。

【实例 5-3】一个简化版的空气质量标准采用三级模式：0～34 为优，35～74 为良，75 以上为污染。计算机可以通过 PM2.5 指数分级发布空气质量提醒。

①PM2.5 值>=75，提醒“空气差，请注意”。

②35 <= PM2.5 值<75，提醒“空气良，可适度户外运动”。

③PM2.5 值<35，提醒“空气优，快去户外运动”。

提示：本例是三分支问题，可以选用 if...elif...else 语句实现它。

方法一，用 if...elif...else 语句实现，代码如下：

```
pm=int(input("请输入 PM2.5 指数\n"))
if pm<35:
    print("空气优，快去户外运动")
elif pm<75:
    print("空气良，可适度户外运动")
else:
    print("空气差，请注意")
```

方法二，用三个单分支 if 语句实现，代码如下：

```
pm=int(input("请输入 PM2.5 指数\n"))
if pm<35:
    print("空气优，快去户外运动")
if 35<=pm<75:
    print("空气良，可适度户外运动")
if pm>=75:
    print("空气差，请注意")
```

方法三，用嵌套的 if 语句实现，代码如下：

```
pm=int(input("请输入 PM2.5 指数\n"))
if pm<35:
    print("空气优，快去户外运动")
```

```
else:
    if pm<75:
        print("空气良，可适度户外运动")
    else:
        print("空气差，请注意")
```

分别输入数据 12,50,88，三种方法运行的结果均如图 5-8 所示。可见几种方法的运行结果相同。在实际编程过程中，只要掌握各种分支结构的本质，就可灵活使用选择结构。

```
请输入PM2.5指数
12
空气优，快去户外运动.
>>>
```

```
请输入PM2.5指数
50
空气良，可适度户外运动
>>>
```

```
请输入PM2.5指数
88
空气差，请注意
>>>
```

图 5-8 实例 5-3 运行结果 1

【实例 5-4】某水果商店对苹果进行促销，苹果每箱卖 55 元，顾客购买 1 箱不打折，购买 2 箱打 9 折，购买 3 箱打 8 折，购买 4 箱以上打 7 折。输入购买箱数，输出消费金额。

提示：本例是一个典型的多分支选择结构，每种打折情况对应一个分支即可。

参考程序如下：

```
n = eval(input("请输入买了几箱: "))
price=0
cost=55
if(n==1):
    price=55
elif(2==n):
    price=cost*n*0.9
elif(3==n):
    price=cost*n*0.8
else:
    price=cost*n*0.7
print("消费金额为:",price)
```

如果输入数量 2，运行结果如图 5-9 所示。

【实例 5-5】输入一个百分制成绩，按表 5-1 输出其对应的等级。

```
请输入买了几箱: 2
消费金额为: 99.0
>>>
```

图 5-9 实例 5-4 运行结果

表 5-1 成绩等级对应表

成绩	等级
90~100	优秀
80~89	良好
70~79	中等
60~69	合格
0~59	不合格

提示：本例也是典型的多分支选择结构题目，每个分支是根据成绩段输出对应等级。

方法一，参考程序如下：

```
score =eval(input("请输入成绩: "))
if score>=90:
    print("优秀")
elif score>=80:
    print("良好")
elif score>=70:
```

```
        print("中等")
    elif score>=60:
        print("合格")
    else:
        print("不合格")
```

从键盘上输入 85 分，输出等级“良好”。运行结果正确，如图 5-10 所示。

```
请输入成绩: 85
良好
>>>
```

图 5-10　实例 5-5 运行结果

如果改变上述程序中第一个 elif 子句与第二个 elif 子句的顺序，参考程序如下：

```
score =eval(input("请输入成绩: "))
if score>=90:
    print("优秀")
elif score>=70:
    print("中等")
elif score>=80:
    print("良好")
elif score>=60:
    print("合格")
else:
    print("不合格")
```

会发现从键盘上输入 85 分，将输出错误结果“中等”。为什么呢？

这与多分支结构的执行流程相关，多分支选择结构是从第一个分支到最后一个分支逐一判断条件，一旦找到满足条件的分支，在执行该分支的语句块之后，就跳出整个分支结构。因为 85>=70，所以执行了第二个分支，输出了“中等”，所以，以后使用多分支选择结构时要注意分支的次序。

方法二：要想避免这种错误，除了方法一，还可以把每个条件表达式写完整。比如把 elif score>=70 的分支条件“score>= 70”写为“70<=score<80”，这样无论分支的次序怎样放置都不影响结果。参考程序如下：

```
score =eval(input("请输入成绩: "))
if score>=90:
    print("优秀")
elif 70<=score<80:
    print("中等")
elif 80<=score<90:
    print("良好")
elif 60<=score<70:
    print("合格")
else:
    print("不合格")
```

此时再输入 85，运行结果正确。但这样比较烦琐，我们还是采用方法一较多。

最后，考虑到输入分数时，可能会发生的误输入情况，为了提高程序的健壮性，还可以把输入无效成绩作为一个分支考虑进来，使用嵌套的分支结构来实现，参考程序如下：

```
score =eval(input("please enter score:"))
if score<0 or score>100:
    print("输入错误，不是百分制成绩")
```

```
else:
    if score>=90:
        print("优秀")
    elif 70<=score<80:
        print("中等")
    elif 80<=score<90:
        print("良好")
    elif 60<=score<70:
        print("合格")
    else:
        print("不合格")
```

【实例 5-6】输入三个整数，将其按升序输出。

提示：首先比较输入的前两个数，如果 x>y，则交换 x 和 y 的位置，第一个单分支完成了 x 在前，y 在后的排序。在后面的双分支结构中，如果 y<z，则 z 一定为最大，按照 x，y，z 的顺序输出。如果 y>z，此时需要再确定一下 z 与 x 的大小，可以用内嵌的双分支结构来判断，如果 z>x，按照 x，z，y 的顺序输出，否则按照 z，x，y 的顺序输出。

参考程序如下：

```
x = eval(input("请输入第一个数字: "))
y = eval(input("请输入第二个数字: "))
z = eval(input("请输入第三个数字: "))
print('输入顺序是: ',x,y,z)
if x>y:
    x,y=y,x
if y<z:
    print('升序排序为: ',x,y,z)
else:
    if z>x:
        print('升序排序为: ',x,z,y)
    else:
        print('升序排序为: ',z,x,y)
```

从键盘上输入 9、26、3，运行结果如图 5-11 所示。

上面一组测试数据只是众多数据中的一类，大家还可以多找几组代表性的数据来验证程序的正确性。

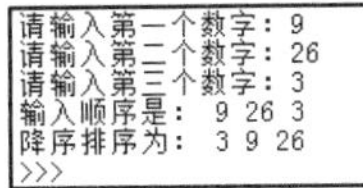

图 5-11 实例 5-6 运行结果

五、实验作业

【作业 5-1】从键盘上输入一个整数，判断该数能否同时被 2、3、7 整除。

【作业 5-2】输入三个数 a，b，c，判断能否以它们为三个边长构成直角三角形。若能，输出“这三个边长可以构成直角三角形”，否则输出“这三个边长不能构成直角三角形”。

【作业 5-3】编程判断一个四位正整数是不是四叶玫瑰数。所谓四叶玫瑰数是这个四位数，其各位数字的四次幂之和等于其本身。如 $1634=1^4+6^4+3^4+4^4$。

【作业 5-4】将一个百分制的成绩转化成五个等级输出：90 分以上为'A'，80 ~ 89 分为'B'，70 ~ 79 分为'C'，60 ~ 69 分为'D'，60 分以下为'E'。例如输入 75，则显示 C。

实验 6

循环结构 «<

一、实验目的

- 掌握遍历循环、条件循环。
- 掌握 break 和 continue 循环控制语句。

二、实验学时

2 学时。

三、实验预备知识

循环结构是指在给定条件为真的情况下，重复执行某些语句。循环结构能减少重复，提高效率。

Python 通过 for 语句和 while 语句实现循环结构。

1. 迭代（iteration）

迭代是指通过重复执行的代码处理相似的数据集的过程，并且本次迭代的处理数据要依赖上一次的结果继续往下做，上一次产生的结果为下一次产生结果的初始状态。如果中途有任何停顿，都不能算是迭代。

2. 可迭代对象

可迭代对象是指存储了元素的一个容器对象。在 Python 中，一个可迭代对象是不能独立进行迭代的，容器中的元素需要通过 for 循环遍历访问。

常见的可迭代对象是有序的序列对象，如 range()函数，还可以是组合数据类型，如列表、元组、字典、集合，还可以是文件对象、生成器（generator）等。

3. for 循环

for 循环的语法格式如下：

```
for 循环变量 in 可迭代对象:
    语句块
```

执行流程如图 6-1 所示。

for 循环是一种遍历型的循环，循环次数等于可迭代对象中元素的个数。每次循环时，都将循环变量设置为可迭代对象的当前元素，提供给语句块（循环体）使用，当可迭代的元素遍历一遍后，就退出循环。

4. while 循环

while 语句是由条件控制的循环方式，不需要提前确定循环次数。其语法格式如下：

```
while 条件表达式:
    语句块
```

其执行流程如图6-2所示。

while 循环，只要条件表达式值为True，代码块就一遍又一遍地重复执行，直到条件表达式的值变为False。如果条件表达式的值第一次就为False，代码块一次也不执行。

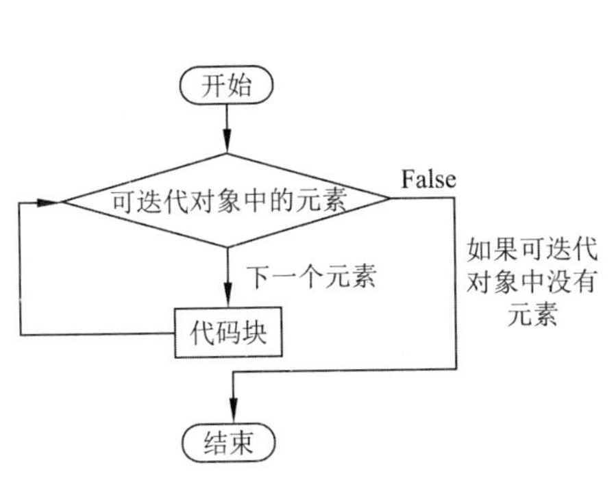

图6-1 for循环执行流程

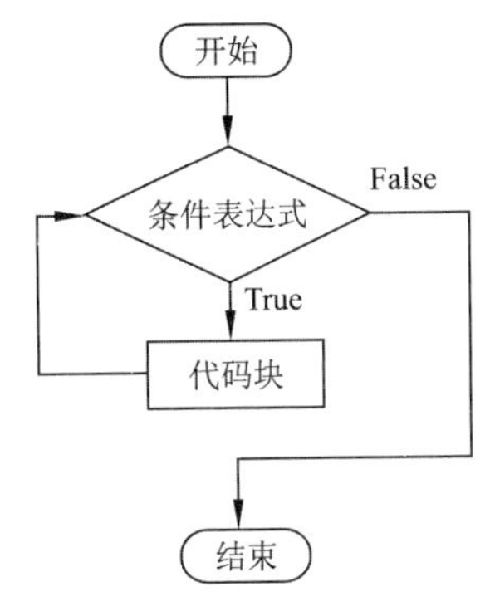

图6-2 while循环执行流程

5. 循环控制语句

for循环和while循环中可以使用break和continue语句改变循环流程。break用来跳出并结束当前整个循环；continue用来结束当次循环，继续执行后续次数循环。

① break语句：可在循环条件不为False或序列还没结束的情况下停止执行循环语句。

② continue语句：当continue语句在循环体中执行时，与break语句跳出循环不同，它只是立即结束本次循环，继续下一次循环。

③ pass语句：无运算的占位语句，通常用于为复合语句编写一个空的主体。当语法需要语句并且还没有任何实用的语句可写时，就可以使用它。

6. 循环中的else子句

Python的循环语句可以带有else子句。

（1）带有else子句的while循环

其语法格式如下：

```
while <条件>:
    语句块1
else:
    语句块2
```

当while语句带else子句时，如果while子句内嵌的语句块1在整个循环过程中没有执行break语句，比如语句块1中没有break语句，或者语句块1中有break语句但始终未执行。那么循环过程结束后，就执行else子句的语句块2。否则，如果while子句内嵌的语句块1在循环过程中一旦执行break语句，那么程序的流程将跳出循环，因为else子句也是循环结构的组成部分，所以else子句的语句块2也不执行。

（2）带有else子句的for循环

其语法格式如下：

```
for 循环变量 in 可迭代对象:
    语句块1
else:
```

```
    语句块 2
```

与 while 语句类似，如果 for 从未执行 break 语句，那么 else 子句内嵌的语句块 2 将得以执行，否则，一旦执行 break，程序流程将连带 else 子句一并跳过。

7. 循环的嵌套

Python 语言允许在一个循环体内嵌入另一个循环，还可以在循环体内嵌入其他循环体，如在 for 循环中嵌入 for 循环、在 while 循环中嵌入 while 循环、在 while 循环中嵌入 for 循环、在 for 循环中嵌入 while 循环。当两个（甚至多个）循环结构嵌套时，位于外层的循环结构常简称为外层循环或外循环，位于内层的循环结构常简称为内层循环或内循环。如：

```
for 循环变量 in 可迭代对象:
    代码块 1
    for 循环变量 in 可迭代对象:
        代码块 2
```

其执行流程为：

① 当外层循环条件为 True 时，则执行外层循环结构中的循环体。

② 外层循环体中包含了普通程序和内循环，当内层循环的循环条件为 True 时会执行此循环中的循环体，直到内层循环条件为 False，跳出内循环。

③ 如果此时外层循环的条件仍为 True，则返回第②步，继续执行外层循环体，直到外层循环的循环条件为 False。

④ 当内层循环的循环条件为 False，外层循环的循环条件也为 False 时，整个嵌套循环才算执行完毕。

简答地说，就是外层循环执行一次，内层循环要完整地执行一遍。

四、实验内容和要求

【实例 6-1】 求区间[1,*n*]之间的偶数之和，*n* 为键盘上输入的一个正整数。

提示： ①区间[1,n]之间的偶数，是形如 2,4,6,...的有序的序列对象，可用 range()函数控制。②可用 for 循环来实现可迭代对象的求和。

参考程序如下：

```
n=int(input('请输入一个正整数: '))
s=0
for i in range(2,n+1,2):
    s=s+i
print('1~n之间的偶数之和是{}'.format(s))
```

```
请输入一个正整数：10
1~n之间的偶数之和是30
>>> |
```

图 6-3　实例 6-1 运行结果

程序运行结果如图 6-3 所示。

【实例 6-2】 输入一个正整数 *n*，求数列 1,1/2,2/3,3/5,4/8,5/12,...的前 *n* 项和，结果保留两位小数。

提示： 观察数列可知，除了第一项，数列中其余项的分子是 1 ~ *n*-1 的等差数列，分母是前一项的分子与分母之和，该数列为可迭代对象，可仿照【实例 6-1】使用 for 循环来求数列的前 *n* 项和。

参考程序如下：

```
n=int(input('请输入项数'))
a, b=1, 2
```

```
s=1.0
for i in range(1, n):
    s=s+a/b
    b=a+b
    a=i+1
print('和是{:.2f}'.format(s))
```

程序运行结果如图 6-4 所示。

```
请输入项数3
和是2.17
>>>
```

图 6-4 实例 6-2 运行结果

【实例 6-3】根据斐波那契数列的定义：

$f(0)=0$，$f(1)=1$

$f(n)=f(n-1)+f(n-2) \quad (n \geqslant 2)$

编写代码，输出不大于 200 的斐波那契数列元素。

提示：①斐波那契数列从第 3 项开始，每一项都等于前两项之和。利用三个变量 f1、f2、f3 分别代表第 1 项、第 2 项、第 3 项，使用迭代的方法可求出数列的下一项：初始设置第 1 项 f1=0，第 2 项 f2=1，可求出 f3=f1+f2。接下来使用赋值语句令 f2 成为下一次的第 1 项，f3 成为下一次的第 2 项，这样可求出新的 f3，如此循环下去，每次输出 f1 就是斐波那契数列。②由于不知道第几项才是最后一个不大于 200 的斐波那契数列元素，可设置循环条件为元素 f1<=200，使用 while 循环来解决本问题。

参考程序如下：

```
f1=0
f2=1
while f1<=200:
    print(f1, end=' ')
    f3=f1+f2
    f1=f2
    f2=f3
```

程序运行结果如图 6-5 所示。

```
0 1 1 2 3 5 8 13 21 34 55 89 144
>>> |
```

图 6-5 实例 6-3 运行结果

【实例 6-4】输出斐波那契数列中的前 n 个元素（n 从键盘上输入，$n \geqslant 1$）。

提示：知道要输出的元素的个数为 n，可以使用 for 循环结合 range()函数实现控制循环次数。语句 f1,f2=0,1 等价于 f1=0;f2=1 这两条语句，掌握这种写法可以简化程序。

参考程序如下：

```
f1,f2=0,1
n=int(input('n='))
for i in range(n):
    print(f1, end=' ')
    f1,f2=f2,f1+f2
```

```
n=10
0 1 1 2 3 5 8 13 21 34
>>> |
```

图 6-6 实例 6-4 运行结果

从键盘上输入 10，程序运行结果如图 6-6 所示。

对比【实例 6-3】与【实例 6-4】会发现，while 循环和 for 循环都可以使循环体重复执行，通常 while 循环一般用于循环次数难以确定的循环，for 循环一般用于循环次数确定的循环，但两者有时也可以替代使用。

【实例 6-5】输入 10 个学生的成绩，计算成绩的平均值。

本例要输入 10 个同学的成绩并进行处理，循环次数固定，可以使用 for 循环，也可以使用 while 循环实现。

方法一，使用 for 循环实现。参考程序如下：

```
total=0
for i in range(1,11):
    total=total+int(input("请输入第{}个同学的成绩:".format(i)))
print("平均成绩是:",total/10)
```

程序运行结果如图 6-7 所示。

```
请输入第1个同学的成绩:87
请输入第2个同学的成绩:81
请输入第3个同学的成绩:90
请输入第4个同学的成绩:86
请输入第5个同学的成绩:93
请输入第6个同学的成绩:94
请输入第7个同学的成绩:78
请输入第8个同学的成绩:89
请输入第9个同学的成绩:90
请输入第10个同学的成绩:92
平均成绩是: 88.0
>>>
```

图 6-7　实例 6-5 运行结果

方法二，使用 while 循环实现。与方法一的 for 循环不同的是，通常在 while 循环开始前要设置一些变量，来放置循环次数的初始值；循环语句块中也要有相应的语句使循环次数发生变化。要素如下：

① 在 while 循环语句之前，设置变量 total 值为 0，用来放置总和；变量 count 值为 1，用来充当计数器。

② 要输入 10 个成绩，所以循环条件为 count<=10。

③ 循环结构的语句块，为输入成绩并加到 total 上，同时计数器增 1。

④ 循环条件为假，退出循环语句，然后计算并输出平均成绩。

参考程序如下：

```
total=0
count=1
while count<=10:
    total=total+int(input("请输入第{}个同学的成绩:".format(count)))
    count=count+1
print("平均成绩是:",total/10)
```

程序运行结果同方法一。

【实例 6-6】 用字符输出直角边长为 9 个*的等腰直角三角形。

提示： 使用嵌套的 for 循环，外层 for 控制循环执行 9 次，内层 for 循环实现输出每一行里的 i 个*和换行。

代码如下：

```
for i in range(1,10):
    for j in range(i):
        print('* ',end='')    #输出 i 个*
    print()                   #实现换行
```

运行结果如图 6-8 所示。

```
*
* *
* * *
* * * *
* * * * *
* * * * * *
* * * * * * *
* * * * * * * *
* * * * * * * * *
>>>
```

图 6-8　实例 6-6 运行结果

【实例 6-7】 计算 1!+2!+3!+...+9!。

提示： 可以使用数学函数 factorial()求阶乘。注意使用前导入数学模块。

参考程序如下：

```
import math
total=0
for i in range(1,10):
    total=total+math.factorial(i)
```

```
print('1! +2! +3! +…+9! =',total)
```

程序运行结果如图 6-9 所示。

```
1! +2! +3! +...+9! = 409113
>>>
```

图 6-9 实例 6-7 运行结果

也可以用推导式来进行计算，会更简洁，程序如下：

```
import math
total=sum(math.factorial(int(i))
for i in range(1,10))
    print("1! +2! +3! +…+9! =",total)
```

【实例 6-8】输入 *n* 个学生的百分制成绩，将其转换成相应等级输出。输入负数时结束程序。当成绩大于或等于 90 等级为“A”，成绩大于或等于 80 且小于 90 等级为“B”，成绩大于或等于 70 且小于 80 等级为“C”，成绩大于或等于 60 且小于 70 等级为“D”，成绩小于 60 等级为“E”，输入数据大于 100 时输出“data error”。

提示：①输入成绩的个数未知，可使用 while 循环，将循环条件设置为 True，当成绩为负数时利用 break 终止循环。②循环语句块，使用多分支结构实现各种成绩的输出。

参考程序如下：

```
while True:
    score=eval(input())
    if score<0:
        break
    elif score>100:
        print("data error! ")
    elif score>=90:
        print("A")
    elif score>=80:
        print("B")
    elif score>=70:
        print("C")
    elif score>=60:
        print("D")
    else:
        print("E")
```

程序运行结果如图 6-10 所示。

```
95
A
88
B
75
C
23
E
-1
>>>
```

图 6-10 实例 6-8 运行结果

五、实验作业

【作业 6-1】编写程序，输出斐波那契数列的前 25 项，要求每行输出 5 项。

【作业 6-2】编写程序，从键盘上输入若干个整数，求它们的奇数之和、偶数之和，当从键盘输入字符“Q”时，结束输入。

【作业 6-3】编写程序，输出 1950—2020 年之间所有闰年，要求每行输出 5 个年份。

【作业 6-4】编写程序，实现猜数游戏。在程序中随机生成一个 0~10 之间（包含 0 和 10）的随机整数 x，让用户通过键盘输入所猜的数。如果输入的数大于 x，显示“遗憾，太大了”；如果小于 x，显示“遗憾，太小了”；如此循环，直至猜中该数，显示“预测 n 次，你猜中了”，其中 n 是指用户在这次游戏中猜中该随机数一共尝试的次数。

实验 7

列表与元组

一、实验目的

- 掌握列表和元组的创建和相关操作。
- 掌握列表和元组的异同。
- 掌握在不同情况下正确选择使用列表和元组。

二、实验学时

2 学时。

三、实验预备知识

列表和元组同属于序列，是序列中最常见的两种。它们的创建、元素索引、访问、函数和方法等都有相似之处，当然也不完全相同。

1. 列表的创建、基本操作、函数和方法

（1）列表的创建

① 用赋值语句创建列表。列表没有长度、数据类型限制，可以定义空列表。例如：

```
>>> list1=['1','2','a','b']
>>> list2=[]
```

② 用 list()函数创建列表。list()函数的参数必须是可迭代对象，字符串、列表、元组都是可迭代对象。函数的返回值是列表类型。例如：

```
>>> lis= list("Python")
>>>lis
['P', 'y', 't', 'h', 'o', 'n']
```

（2）列表元素的访问

① 访问单个元素。序列中的每个元素都有属于自己的序号（索引）。字符串是如此，列表也是如此，从起始元素开始，索引值从 0 开始递增。如图 7–1 所示，最左边的一个元素索引为 0，向右边开始依次递增。

lis[0]	lis[1]	lis[2]	lis[3]	lis[4]	lis[5]	←从左到右顺序编号
'P'	'y'	't'	'h'	'o'	'n'	
lis[-6]	lis[-5]	lis[-4]	lis[-3]	lis[-2]	lis[-1]	←从右到左顺序编号

图 7–1　列表的索引

除此之外，Python 还支持索引值是负数，此类索引是从右向左计数，也就是从最后一个元素开始计数，索引值从–1 开始，然后是–2,–3,...。

② 切片访问列表元素。列表实现切片操作的语法格式如下：

```
listname[start:end:step]
```

各个参数的含义分别是：

listname：表示列表的名称。

start：表示切片的开始索引位置（包括该位置），此参数也可以不指定，会默认为 0，也就是从列表的开头进行切片。

end：表示切片的结束索引位置（不包括该位置）。若未指定，默认为列表的长度。

step：表示步长，即在切片过程中，隔几个存储位置（包含当前位置）取一次元素，也就是说，如果 step 的值大于 1，则在进行切片取列表元素时，会“跳跃式”地取元素。如果省略设置 step 的值，则最后一个冒号就可以省略，默认步长为 1。

例如：

```
>>> num1=[1,2,3,4,5,6]
>>> num1[-3]
4
>>> num1[1:4:2]
[2, 4]
```

③ 列表的遍历。列表是一个可迭代对象，可以通过 for 循环遍历元素。例如：

```
>>> name=['LiLi','PanShuai','SunLing']
>>> for i in name:
        print(i)
LiLi
PanShuai
SunLing
```

（3）对列表元素的增加

① 使用“+”运算符可以将元素添加到列表中，例如：

```
>>> lis1=[1,2,3,4]
>>> print(lis1+[5])
>>> [1, 2, 3, 4, 5]
```

② 使用 append()方法可以在列表末尾增加元素。

③ 使用 append()方法可以在列表末尾增加元素,例如：

```
>>> lis1=[1,2,3,4]
>>> print(lis1.append('Python'))
 [1, 2, 3, 4, 'Python']
```

④ 使用 extend()的方法可以在列表末尾一次性添加另一个序列中的所有元素。例如：

```
>>> lis1=[1, 2, 3, 4]
>>> lis2=['a','b','c']
>>> print(lis1.extend(lis2))
 [1, 2, 3, 4, 'a', 'b', 'c']
```

⑤ 使用 insert()方法可以将元素插入列表的指定位置。例如：

```
>>> lis1=[1, 2, 3, 4]
>>> print(lis1.insert(2,'ab'))
 [1, 2, 'ab', 3, 4]
```

（4）对列表元素的删除

① 使用 del 语句可以删除列表中的元素，还可以用来对列表元素或片段进行删除。例如：

```
>>> num1=[1,2,3,4,5,6]
>>> print(del num1[1])
 [1, 3, 4, 5, 6]
```

② 使用 remove()方法可用于删除列表中的某个元素，如果列表中有多个匹配的元素，只会移除匹配到的第一个元素。例如：

```
>>> lis1=[1, 2, 3, 4, 'Python']
>>> print(lis1.remove(2))
 [1, 3, 4, 'Python']
```

③ 使用 pop()方法移除列表中的某个元素，如果不指定元素，那么移除列表中的最后一个元素。该方法有返回值，是从列表中移除的元素对象。例如：

```
>>> lis1=[1, 2, 3, 4, 'Python']
>>> lis1.pop(2)
3
```

④ 删除列表。使用 del 语句可以删除整个列表。

（5）修改列表元素

修改列表中的元素就是通过索引访问元素，再为元素赋新值，达到修改元素的目的。

（6）运算符对列表的操作。

列表中适用的运算符见表 7-1。运算符要求进行运算的数据类型相同。

表 7-1　列表运算符及说明

运算符	说　明
+	连接运算符，用于组合列表
*	重复运算符，用于重复列表
in 、not in	成员关系运算符，判断某元素是否在列表中，返回值只有 Ture 或 False
>、<、==	比较运算符：大于、小于、等于，结果只有 True、False
and、or、not	逻辑运算符，结果只有 True、False
for　in	循环迭代操作符

（7）列表的内置函数

列表的内置函数见表 7-2。

表 7-2　列表内置函数

函　数	功　能	函　数	功　能
len(list)	列表元素的个数	min(list)	列表元素最小值
max(list)	列表元素最大值	list(seq)	将序列转换成列表

（8）列表对象的常用方法

Python 列表的常用方法除了之前讲的 append()、insert()、pop()、remove()以外，其他的见表 7-3。

表 7-3　列表的常用方法及功能

方　法	功　　能
list.clear()	删除列表中所有元素
list.reverse()	将列表中元素反转
list.copy()	复制列表 list 中的所有元素并生成一个新列表

（9）列表推导式

列表推导能非常简洁的构造一个新列表，只用一条简洁的表达式即可对得到的元素进行转换变形。语法格式如下：

```
[表达式 for 变量 in 列表]或者[表达式 for 变量 in 列表 if 条件]
```

例如：

```
list2=[x for x in list1 if x%2 is 0]
```

列表推导式是一种创建新列表的便捷的方式，通常用于根据一个列表中的每个元素通过某种运算或筛选得到另外一系列新数据，创建一个新列表。

2. 元组的创建、常用操作

（1）元组的创建

Python 的元组与列表类似，不同之处在于元组的元素不可变。元组创建后不能修改、添加、删除其元素，只能访问元组中的元素、删除整个元组。元组使用圆括号，列表使用方括号。可以用赋值语句创建元组，还可以用 tuple()函数创建元组。此函数的参数如果是空值，那么会创建一个空元组。如果要创建非空元组，参数必须是可迭代类型。

（2）常用操作

元组也是序列的一种，序列有的操作，例如索引、切片、相加、相乘、成员检测、长度、最小值和最大值等，也是元组常用的操作。

（3）元组的内置函数与方法

元组的内置函数 len()、max()、min()与列表中差不多，只是 turple()函数可以将列表转化为元组。元组的方法只有两个：index()和 count()。

① index()方法：用于从元组中找出某个对象第一个匹配的索引位置，如不在元组中则抛出异常。语法格式为：

```
元组名.index(对象[,开始索引[,结束索引]])
```

例如：

```
t2.index('x',1)
```

② count()方法：使用 count()方法可以统计元组中某个元素出现的次数。语法格式为：

```
元组名.count(对象)
```

（4）生成器推导式

生成器推导式是继列表推导式后的又一种 Python 推导式，它比列表推导式速度更快，占用的内存也更少。生成器推导式的结果是一个生成器对象，而不是列表，也不是元组。

语法格式如下：

```
(表达式 for 变量 in 列表)或者(表达式 for 变量 in 列表 if 条件)
```

与列表推导式在语法上非常相似，只要把[ ]换成()就行了。例如：

```
t2=((i+2)**2 for i in range(10))
```

使用生成器对象时，可根据需要将它转化为列表或者元组，可以用_ _next_ _()方法或内置函数 next()进行遍历，进行一次遍历后便不能再次访问内部元素，即访问一次即清空生成器对象。

四、实验内容和要求

【实例 7-1】列表的基础操作。

在两行中分别输入一个字符串，分别将其转换为列表 a 和 b，按要求完成以下功能：

① 输出两个列表的连接结果。

② 输出列表 a 重复三次的结果。

③ 输出列表 b 中第二个元素和最后一个元素。

④ 输出列表 a 中第一至第四之间的元素。

⑤ 输出列表 a、b 的长度，结果用逗号分隔。

⑥ 输出列表 a 的中元素的最小值和 b 中元素的最大值。

【分析】本例是对列表的基础操作的简单练习，是完成后续题目的基础。

提示：①列表切片的格式：列表名[开始索引:结束索引(不包括此元素)]。②在 print()函数中，输出分隔用 sep 设置。

参考程序如下：

```
>>> strlis1=list(input())
asdf
>>> strlis2=list(input())
1234
>>> print(strlis1+strlis2)
['a', 's', 'd', 'f', '1', '2', '3', '4']
>>> print(strlis1*3)
['a', 's', 'd', 'f', 'a', 's', 'd', 'f', 'a', 's', 'd', 'f']
>>> print(strlis2[1],strlis2[-1],sep=' ')
2 4
>>> print(strlis1[:4])
['a', 's', 'd', 'f']
>>> print(len(strlis1),len(strlis2),sep=',')
4,4
>>> print(min(strlis1),max(strlis2))
a 4
```

【实例 7-2】输入一个整数，求整数的位数及各数位上的数字之和。

输入格式：输入共一行。

输出格式：输出共两行。

输入样例：

```
3128
```

输出样例：

```
整数的位数是: 4
各位数字之和是: 14
```

【分析】

① 首先用 input()函数从键盘输入一个多位数整数。input()函数返回的数据都是字符型数据。

② 将此字符串用列表推导式生成一个由各个数位上的数字组成的列表。例如：123 转为'123'，生成新列表[1,2,3]。

③ 用 len()函数求得新列表的长度，即输入的整数有几个数字组成，也就是这个整数的位数。例如：len[1,2,3]为 3，即 123 是三位数。

④ 再用 sum()函数求列表中各元素的和，即各个数位上数字之和。例如：列表[1,2,3]用 sum()求和为 6，即数字 123 各个数位上数字之和为 6。

⑤ 按要求格式输出结果。

提示：①列表推导式的格式：[表达式 for 变量 in 列表]。②以十进制整数形式输出的格式符号为%d，输出几个变量有几个格式控制符%。

参考程序如下：

```
num= input("请输入一个整数: ")
lis=[int(c ) for c in num]
l=len(lis)
s=sum(lis)
print("整数的位数是: %d\n 各位数字之和是: %d"%(l,s))
```

运行程序，输入 123456，结果如下：

```
请输入一个整数: 123456
整数的位数是: 6
各位数字之和是: 21
```

【实例 7-3】现有一列表 lis=['do','not','gild','the','lily']，编写程序，实现以下功能：

① 输入“1”，输出元素为 0～9 的列表。

② 输入“2”，输出元素为 0～9 中偶数的二次方的列表。

③ 输入“3”，输出元素为元组的列表，元组中元素依次是 0~9 中的 3 的倍数和该数的三次方。

④ 输入“4”，将列表 lis 中每个元素首字母转为大写字母，输出新列表。

⑤ 输入其他字符，输出“end”。

【分析】

① 此程序用多分支结构，根据条件输出相应的内容。

② 本例适合用列表推导式快捷生成新列表。

③ 用 range()函数生成连续区间内的元素。

④ 用 capitalize()函数将字符串的第一个字母转换成大写。

提示：①带条件的列表推导式的格式：[表达式 for 变量 in 列表 if]。②range()函数的格式：range(开始,结束,步长)，不包括结束位置元素。③将字符串首字母转换成大写可以使用 capitalize()函数。

参考程序如下：

```
lis=['do','not','gild','the','lily']
n=input()                  #输入一个字符
if n=='1':                 #当输入为"1"时，输出元素为 0~9 的列表
     print([x  for x in range(10)])
elif n=='2':               #当输入为"2"时，输出元素为 0~9 中偶数的二次方的列表
    print([x**2 for x in range(10) if x%2==0])
elif n=='3':               #当输入为"3"时，输出元素是 0~9 中 3 的倍数和该数的三次方的元组
     print([(x,x**3) for x in range(10) if x%3==0])
elif n=='4':               #当输入为"4"时，将 ls 中每个元素单词首字母大写输出
    print([s.capitalize() for s in lis])
else:                      #当输入为其他字符时，输出"end"
    print("end")
```

运行程序，当输入 1 时，结果如下：

```
1
```

```
[0, 1, 2, 3, 4, 5, 6, 7, 8, 9]
```

运行程序，当输入 2 时，结果如下：

```
2
[0, 4, 16, 36, 64]
```

运行程序，当输入 3 时，结果如下：

```
3
[(0, 0), (3, 27), (6, 216), (9, 729)]
```

运行程序，当输入 4 时，结果如下：

```
4
['Do', 'Not', 'Gild', 'The', 'Lily']
```

运行程序，当输入“r”时，结果如下：

```
r
end
```

五、实验作业

【作业 7-1】创建一个以字符串为元素的 name 列表和一个以数字为元素的 number 列表。

① 删除 name 列表中第一个元素。

② 更改 number 列表中的第三个元素。

③ 截取 number 列表的最后两个元素组成一个新列表，插入 name 列表中第二个元素前作为一个元素。

④ 循环 name 列表，打印每个元素的索引值和元素。

⑤ 将 number 列表中各元素以升序排列并打印出来。

⑥ 在 number 列表中查找 2，如果有，输出有几个 2，如果没有，输出“No found!”。

【作业 7-2】创建列表 list1、list2，用随机函数生成五个介于[100,200]之间的随机整数，作为 list1 的元素。随机函数生成五个介于[200,300]之间的随机整数，作为 list2 的元素。为 list1 追加 list2 的全部元素，将 list1 的元素降序排列后输出，输出 list1 中的最大值和最小值。

【作业 7-3】编写一个程序，将你的课程名称存储在一个列表中，再使用 for 循环将课程名称都打印出来。

【作业 7-4】从键盘输入一系列阿拉伯数字，将其变成相应的中文大写数字输出。

【作业 7-5】输入一个三位数字，判断其是否水仙花数。水仙花数的每位数字的立方和等于它本身，例如：$1^3+5^3+3^3=153$。

实验 8

字典与集合 «

一、实验目的

- 掌握字典的创建与基本操作。
- 掌握集合的创建。
- 掌握字典与集合的常用函数与方法。
- 掌握字典与集合的遍历。

二、实验学时

2 学时。

三、实验预备知识

字典用于存放若干具有映射关系的键值对。字典中的键不允许重复，而且键必须是不可变数据类型。字典通过键来访问值。

集合是包含多个不重复元素的无序组合。集合中的元素是不可变数据类型，如数字、字符、字符串、元组等。集合中不能有重复元素，可以利用集合的这一特点，过滤掉迭代对象中的重复元素。

1. 字典的创建与基本操作

（1）花括号语法创建字典

语法格式如下：

```
<字典变量>={key1:value1,key2:value2,…,keyn:valuen}
```

例如：

```
>>> dict1={'语文':97,'数学':88,'英语':90}
```

（2）内置函数 dict()创建字典

在使用 dict()函数创建字典时，可以传入列表或元组作为参数，使列表或元组的元素作为 key-value 对，组成这些列表或元组的元素都只能包含两个值，否则会出错。例如：

```
>>> d_01=dict([('rose',5.00),('lily',3.00),('violet',4.50)])
```

（3）字典元素的访问、添加、修改及删除

① 访问字典的值，把键放入方括号[ ]来索引元素的值。其语法格式如下：

```
<值>=<字典变量>[<键>]
```

例如，输出字典的某个值，代码如下：

```
>>> dict1={'name':'Zhang San','age':18,'ID':'1001'}
>>> print("student name is;",dict1["name"])
```

② 添加键值对。字典中键值对的数量是可变的，可以通过索引和赋值配合，向字典中添加键值对。其语法格式如下：

```
<字典变量>[<键>]=<值>
```

```
>>> dict1={'name':'Zhang San','age':18,'ID':'1001'}
>>> dict1['math']=60
```

③ 修改字典的值。字典的值可以是任意数据类型，通过索引和赋值配合，可以修改已有键值对的值。其语法格式如下：

```
<字典变量>[<键>]=<值>
```

例如，修改字典 dict1 的值'Zhang San'为'张红'，代码如下：

```
>>> dict1={'name':'Zhang San','age':18,'ID':'1001'}
>>> dict1['name']='张红'
```

④ 删除某个键值对。可以用 del 命令删除已有键值对，例如：

```
>>> del dict1['ID']
```

2. 字典的常用函数与方法

（1）字典的常用函数

len()函数：可以计算字典中元素的个数，即键值对的总数。

其语法格式如下：

```
len(字典名)
```

（2）字典的常用方法

① clear()方法：用于清空字典中所有的键值对。

② get()方法：是字典方法中非常重要的方法。它根据 key 来获取 value，相当于[ ]引用元素的增强版。当使用[ ]语法访问并不存在的 key 时，字典会引发 KeyError 错误；但如果使用 get()方法访问不存在的 key，该方法会简单地返回 None，不会导致错误。

其语法格式如下：

```
字典名.get(key, default=None)
```

例如，访问存在的键：

```
>>> score={'语文': 85, '数学': 90, '英语': 75}
>>> print(score.get('语文'))
85
```

此时，返回值为键对应的值。

③ keys()方法：返回一个字典的所有键，它是一个 dict_keys 对象，可通过 list()函数可把它转换成列表再使用。下面是其语法格式。

```
字典名.keys()
```

④ values()方法：用于获取字典中的所有 value，可通过 list()函数把它转换成列表再使用。下面是其语法格式。

```
字典名.values( )
```

⑤ items()方法：获取字典所有的 key-value 对，返回一个 dict_items 对象。可用 list()函数把它转换成列表，列表的元素是由 key 和 value 组成的二元组。下面是其语法格式。

```
字典名.items()
```

3. 字典的遍历

字典的遍历是字典比较重要和高级的操作，常见用法如下：

（1）遍历字典的键

遍历 key 是默认遍历，其常见用法如下：

```
for key in 字典名.keys():
    print(key)
```

（2）遍历字典的值

当只关心字典所包含的值时，可以使用 values()方法，其常见用法如下：

```
for value in 字典名.values():
    print(value)
```

（3）遍历字典的项

使用 items()方法。该方法以列表的形式返回可遍历的键值对元组，其常见用法如下：

```
for item in 字典名.items():
    print(item)
```

集合分为可变集合与不可变集合。可变集合中的元素可以动态地增加和删除，不可变集合中的元素不可增加和删除；可变集合由 set()函数创建，不可变集合由 frozenset()函数创建；两者其他功能相似。

4. 可变集合的创建

（1）使用{}创建集合，其语法格式为：

```
集合名={value1,value2,...,valuen}
```

例如：

```
set1={80,89,45,77}
```

（2）set()内置函数以可迭代对象作为集合元素创建集合，其语法格式为：

```
set(迭代对象)
```

5. 集合类型运算符

集合支持|、&、-、^等集合类型运算符。

① 并集（|）：包含了所有集合的元素，并且重复元素只出现一次。

② 交集（&）：是属于所有集合的元素构成的集合。

③ 差集（-）：是所有属于集合 A 但不属于集合 B 的元素构成的集合。

④ 补集（^）：对等差分，是只属于其中一个集合，但不属于另一个集合的所有元素组成的集合。

6. 集合的常用函数与方法

（1）集合的常用函数

利用集合的内置函数可以提高对数据的处理效率。常见的函数见表 8-1。

表 8-1 集合的常见内置函数

函数	描述
len(s)	返回集合 s 的元素个数
max(s)	返回集合 s 中的最大项
min(s)	返回集合 s 中的最小项
sum(s)	返回集合 s 中所有元素之和

（2）集合的常用方法

① add()方法：添加一个元素到集合中，如果元素已经存在，不添加。

② clear()方法：与 del 命令删除集合不一样，clear()方法删除集合的所有元素，集合成为空集合。

③ discard()方法：移除集合中一个元素，若该元素在集合中不存在，不执行任何操作。

④ remove()方法：移除集合中一个元素，若该元素在集合中不存在，则引发异常。

⑤ pop()方法：从集合中随机删除一个元素，并返回该元素。若集合为空，则引发异常。

7. 集合的遍历

集合有以下几种常见的遍历方式。

① for 循环遍历，输出结果与元素顺序无关。例如：

```
set1={'张明','王芳','王芳芳'}
for i in set1:
    print(i)
```

② 利用内置函数 iter()遍历。内置函数 iter()，可以返回一个迭代对象。

③ 利用内置函数 enumerate()遍历。

四、实验内容和要求

【实例 8-1】 有字典 dict1={'张三':'10101','李四':'10102','王敏':'10105','赵霞':'10106'}，编程实现查找功能。用户输入姓名，如在字典中存在，输出“姓名：学号”，如不存在，则输出“数据不存在”。

提示： 查询键是否存在，若存在返回键值对，不存在输出“数据不存在”。

参考程序如下：

```
dict1={'张三':'10101','李四':'10102','王敏':'10105','赵霞':'10106'}
flag=0
name=input("请输入要查询的姓名: ")
for k in dict1:
    if k==name:
        print(k+':'+dict1.get(k))
        flag=1
        break
if flag==0
    print("数据不存在")
```

输入“张三”，程序运行结果如图 8-1 所示。

```
请输入要查询的姓名: 张三
张三:10101
>>>
```

图 8-1　实例 8-1 运行结果

【实例 8-2】 有通信录 dict1={'张三':'15020123456','李四':'13535363738','王敏':'13045645612', '赵霞':'13265498798'}，使用两行分别输入姓名和电话。如果输入的姓名在字典中存在，则用新输入的电话号码替换原来的号码。如输入的姓名在字典中不存在，则输出“数据不存在”。操作完成后输出所有键值对。

提示： 利用字典的遍历查询姓名是否存在，若存在修改电话，不存在输出“数据不存在”。

参考程序如下：

```
dict1={'张三':'15020123456','李四':'13535363738','王敏':'13045645612','赵霞':
'13265498798'}
name=input()
Tel= input()
if (name in dict1):
    dict1[name]=Tel
else:
    print("数据不存在")
for k in dict1:
    print(k+':'+dict1.get(k))
```

输入如下：

```
李四
12332145665
```

程序运行结果如图8-2所示。

```
李四
12332145665
张三:15020123456
李四:12332145665
王敏:13045645612
赵霞:13265498798
>>>
```

图8-2 实例8-2运行结果

【实例8-3】某信息系统的三名管理员的用户名和密码如下：

```
用户名admin，密码123456
用户名aaa，密码12345_678
用户名user1，密码haha23
```

实现在两行分别输入用户名和密码。当用户名与密码匹配时，显示"登录成功"，否则显示"登录失败"。登录失败时允许重复输入三次。

提示：把用户信息存为字典的键值对，根据输入的用户名在字典里查找密码。如果与输入的密码匹配，显示"登录成功"，否则显示"登录失败"。

参考程序如下：

```
dict1={'admin':'123456','aaa':'12345_678','user1':'haha23'}
num=0
while num<3:
    name=input("请输入用户名")
    password=input("请输入密码")
    if name in dict1.keys()  and password==dict1[name]:
        print("登录成功")
        break
    else:
        print("登录失败")
        num += 1
```

输入如下：

```
aaa
12345_678
```

程序运行结果如图8-3所示。

```
aaa
12345_678
登录成功
>>> |
```

图8-3 实例8-3运行结果

【实例8-4】从键盘输入小明学习的课程名称及考分信息，信息间采用空格分隔，每个课程一行，输入空行表示结束。示例格式如下：

```
数学 95
语文 90
英语 96
物理 94
生物 97
```

计算输出得分最高、最低的课程及成绩及平均分（保留两位小数）。

提示：把用户信息存为字典的键值对，把字典的所有键值对转换为列表元素，对列表按其二元组元素中的成绩降序排序，分别输出排序后列表的第一个元素和最后一个元素。

参考程序如下：

```
data = input()
d = {}
while data:  #输入的信息不为空就执行循环
    t = data.split()
    d[t[0]] = int(t[1])
    data = input()
```

```
ls = list(d.items())
ls.sort(key=lambda x: x[1], reverse=True)#对列表按其二元组元素中的成绩降序排序
s1, g1 = ls[0]
s2, g2 = ls[len(ls) - 1]

sum = 0
for i in d.values():
    sum = sum + int(i) #对字典的值求和

avg = sum/len(ls)  #计算平均分

print("最高分课程:{}{},最低分课程:{}{},平均分{:.2f}".format(s1, g1, s2, g2, avg))
```

输入如下：

```
数学 95
语文 90
英语 96
物理 94
生物 97
```

```
数学 95
语文 90
英语 96
物理 94
生物 97
最高分课程:生物97,最低分课程:语文90,平均分94.40
```

图 8-4 实例 8-4 运行结果

程序运行结果如图 8-4 所示。

【实例 8-5】分别输入两行整数数据，数据之间以空格隔开，作为集合 A 和 B 的元素，升序输出它们的对等差分结果（symmetric difference 是指结果中的数据来自集合 A 或 B，但不同时存在于集合 A 和 B 中）。

提示：利用集合运算符^，可以求两个集合的对等差分集。

参考程序如下：

```
setA=set(map(int,input().split()))
setB=set(map(int,input().split()))
result=setA^setB
for i in sorted(result):
    print(i)
```

程序运行结果如图 8-5 所示。

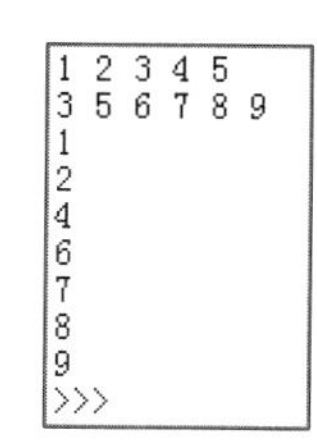

图 8-5 实例 8-5 运行结果

五、实验作业

【作业 8-1】有字典 dict1= {'aa':90,'bb':85,'cc':75,'dd':60}，将 dict1 按键的大小升序排序，并输出前 n 个键的内容。

【作业 8-2】有字典 dict2={'小明':20,'小红':25,'小华':22,'小伟':20}，将字典按键的大小升序排序，并输出前 n 个键值对。当 n 大于元素个数时，按实际元素数量输出。

【作业 8-3】输入一行自然数，数与数之间以空格分隔，有些数出现的次数与该数相等，找出这些数，并输出其中的最大数。如果不存在这样的数，则输出“-1”。

【作业 8-4】输入若干个整数，以空格间隔，从小到大输出重复的数。如果没有找到重复的数，则输出空列表。

实验 9

函数（一）

一、实验目的

- 了解并掌握 Python 中函数的定义方法。
- 了解并掌握 Python 中函数的调用方法。
- 了解 lambda 表达式的定义与使用。
- 了解 Python 中的函数参数的形参与实参。
- 了解并熟练掌握 Python 中函数参数的传递机制。
- 了解参数的类型。

二、实验学时

4 学时。

三、实验预备知识

1. Python 中的函数的定义方法

Python 程序中的函数遵循先定义后调用的规则，即函数的调用必须位于函数的定义之后。通常，将函数的定义置于程序的开始部分，函数之间以及函数与主程序之间保留一行空行。

Python 定义一个函数使用 def 保留字，语法形式如下：

```
def <函数名>(<参数列表>):
    <函数体>
    return <返回值列表>
```

例如，定义一个计算 n 的阶乘的函数 factor()，函数的定义及函数各部分标注如图 9-1 所示。

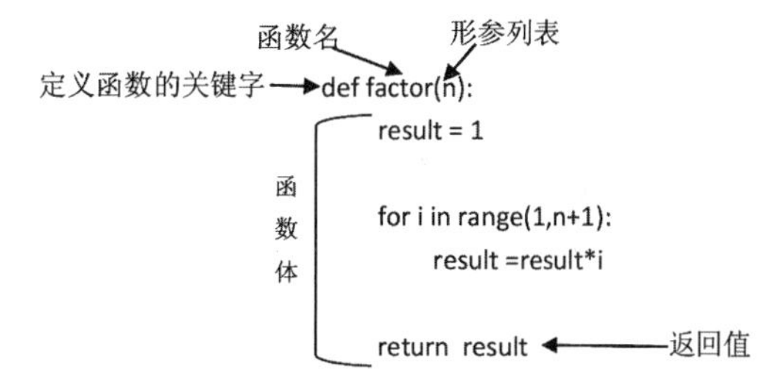

图 9-1　factor()定义及函数各部分标注

在定义函数时，需要注意以下五点：

① 函数代码块以 def 关键词开头，后接函数标识符名称和圆括号()。

② 任何传入参数和自变量必须放在圆括号中间。圆括号之间可以用于定义参数。

③ 函数的第一行语句可以选择性地使用文档字符串——用于存放函数说明。

④ 函数内容以冒号起始，并且缩进。

⑤ return <返回值列表>结束函数，选择性地返回一个值给调用方。不带表达式的 return 相当于返回 None。

2. Python 中的函数的调用方法

函数的定义用于说明函数要实现什么功能。为了使用函数，必须调用函数。之前，已经使用过一些内置函数和部分库函数。函数调用时，括号中的参数与函数定义时数量要相同，而且这些参数必须有确定的值。这些值会被传递给预定义好的函数进行处理。

函数的调用方式如下：

```
<函数名>(<参数列表>)
```

其中函数名是必需的，参数列表可根据函数定义时的情况具体分。如果是无参函数，参数列表可省略。

例如：在定义了 factor()函数后，可使用如下语句调用：

```
print(factor(5))
```

3. Python 中的 lambda 表达式

对于定义一个简单的函数，Python 还提供了另外一种方法，即 lambda 表达式。lambda 表达式，又称匿名函数。lambda()函数能接收任何数量（可以是 0 个）的参数，但只能返回一个表达式的值，lambda()函数是一个函数对象，直接赋值给一个变量，这个变量就成了一个函数对象。

lambda 表达式适用于以下三种情况：

① 需要将一个函数对象作为参数来传递时，可以直接定义一个 lambda()函数（作为函数的参数或返回值）。

② 要处理的业务符合 lambda()函数的情况（任意多个参数和一个返回值），并且只有一个地方会使用这个函数，不会在其他地方重用，可以使用 lambda()函数。

③ 与一些 Python 的内置函数配合使用，提高代码的可读性。

lambda 表达式的语法格式如下：

```
name=lambda[list]: 表达式
```

其中，定义 lambda 表达式，必须使用 lambda 关键字；[list]作为可选参数，等同于定义函数时指定的参数列表；name 为该表达式的名称。

该语法格式转换成普通函数的形式如下：

```
def name(list):
    return 表达式

name(list)
```

显然，使用普通方法定义此函数，需要两行代码，而使用 lambda 表达式仅需 1 行。

如果使用普通函数的方式设计一个求两个数之和的函数，定义如下：

```
def add(x, y):
    return x+y

print(add(3,4))
```

上面程序中 add()函数内部仅有一行表达式，因此该函数可直接用 lambda 表达式表示：

```
add=lambda x,y:x+y
print(add(3,4))
```

可以理解 lambda 表达式就是简单函数（函数体仅是单行的表达式）的简写版本。相比函数，lamba 表达式具有以下两个优势：

① 对于单行函数，使用 lambda 表达式可以省去定义函数的过程，让代码更加简洁。

② 对于不需要多次复用的函数，使用 lambda 表达式可以在用完之后立即释放，提高程序执行的性能。

4. 函数的形参与实参

函数的参数传递中会提到两个名词：形参和实参。

① 形参：全称是“形式参数”，是在定义函数名和函数体时使用的参数，目的是接收调用该函数传递的参数。

② 实参：全称是“实际参数”，是在调用时传递给函数的参数，即传递给被调函数的值。实参可以是常量、变量、表达式、函数等，无论是何种类型，在进行调用时，必须有确定的值，这些值会传递给形参。

有如下函数：

```
def sum2(a,b):
    return a+b
```

sum2()函数中的参数 a 和 b 都是形参。此时，调用 sum2()函数需要传递两个值，如：

```
sum2(3,5)
```

在调用 sum2()函数时，传入了两个具体的值 3 和 5，这两个值就是实参。实参是形参被具体赋值后的值，它参与实际运算，具有实际作用。

Python 中，函数参数由实参传递给形参的过程，是由参数传递机制来控制的。根据实际参数的类型不同，函数参数的传递方式分为值传递和引用传递（又称地址传递）。

5. Python 函数参数的传递机制

（1）实参指向不可变对象

在 Python 中，实参指向不可变对象，参数传递采用的是值传递。在函数内部直接修改形参的值，实参指向的对象不会发生变化。

（2）实参指向可变对象

当函数的实参指向可变对象时，可以在函数内部修改实参指向的对象。当传递的是列表、字典等时，如果重新对其进行赋值，则不会改变函数以外实参的值；如果时对其进行操作，则实参的值会发生变化。

6. 参数的类型

参数类型可分为位置参数、关键字参数、默认参数、不定长参数。下面分别讲解。

（1）位置参数

调用函数时，编译器会将函数的实际参数按照位置顺序依次传递给形式参数，即将第一个实参传递给第一个形参，将第二个实参传递给第二个形参，依此类推。例如：

```
def func(a,b,c):
    print(a,b,c)

func(1,2,3)
```

（2）关键字参数

关键字参数和函数调用关系紧密，函数调用使用关键字参数来确定传入的参数值。使用关键字参数允许函数调用时参数的顺序与声明时不一致，这是由于 Python 解释器能够用参数名匹配参数值。例如：

```
def func(str):
    print(str)
```

```
func(str="Hello,world!")
```

（3）默认参数

调用函数时，如果没有传递参数，则会使用默认参数。例如：

```
def func(name,age=25):
    print("name:",name)
    print("age:",age)

func('Wang',32)
func('Tang')
```

运行结果如图 9-2 所示。

```
name: Wang
age: 32
name: Tang
age: 25
```

图 9-2　默认参数实例运行结果图

（4）不定长参数

可能需要一个函数能处理比当初声明时更多的参数，这些参数称为不定长参数，和上述参数不同，声明时不会命名。对于不定长参数，使用*和**两个符号来表示，两者都表示任意数目参数收集。其中*表示用元组的形式收集不匹配的位置参数，**表示用字典的形式收集不匹配的位置参数。

```
def func1(a,*args):
    print(args)

def func2(**kargs):
    print(kargs)

def func3(a,*args,**kwargs):
    print(a,args,kwargs)

func1(1,2,3,4)
func2(a=1,b=2)
func3(1,2,3,x=4,y=5)
```

运行结果如图 9-3 所示。

```
(2, 3, 4)
{'a': 1, 'b': 2}
1 (2, 3) {'x': 4, 'y': 5}
```

图 9-3　不定长参数实例运行结果图

上面是在函数定义的时候写的*和**形式，那反过来，如果*和**语法出现在函数调用中系统会解包参数的集合。例如，在调用函数时能够使用*语法，在这种情况下，它与函数定义的意思相反，会解包参数的集合，而不是创建参数的集合。例如通过一个元组给一个函数传递四个参数，并且让 Python 将它们解包成不同的参数。在函数调用时，**会以键/值对的形式解包一个字典，使其成为独立的关键字参数。

四、实验内容和要求

【实例 9-1】 编写程序，要求将计算一个整数 m 的 n 次方的过程编写为函数，通过调用此函数求-2 和 3 的 0～9 次方并输出。

【分析】 初学者编写函数，最容易迷惑的就是参数的个数。此题中求整数 m 的 n 次方，显然需要主调函数传递两个实参，所以定义函数时要有两个形参。求-2 和 3 的 0～9 次方，也要使用循环结构，在循环中调用定义的函数。

参考程序如下：

```
def power(m,n):
    result=1
    if m==0:
      return 1
    else:
      for i in range(1,n+1):
        result*=m
   return result

for i in range(0,10):
   print("{:6d}{:6d}{:6d}".format(i,power(-2,i),power(3,i)))
```

运行结果如图 9-4 所示。

```
0      1      1
1     -2      3
2      4      9
3     -8     27
4     16     81
5    -32    243
6     64    729
7   -128   2187
8    256   6561
9   -512  19683
```

图 9-4 实例 9-1 运行结果图

【实例 9-2】编写函数，求出所有在正整数 M 和 N 之间能被 3 整除但不能被 5 整除的数的个数，其中 $M<N$。

【分析】通过分析题目，编写函数求一个数据区间内满足条件的数的个数，然后在主函数中输入数据区间的开始及结束数据作为实参传递给自定义函数。编写程序时，要考虑所有可能性。如果输入的 M 值比 N 值大，要进行一次数据交换，保证满足 $M<N$。参考程序如下：

```
def func(M,N):
    if M>N:
        M,N=N,M
    count=0
    for i in range(M,N+1):
        if i%3==0 and i%5!=0:
            count=count+1
    return count

m=eval(input("请输入m:"))
n=eval(input("请输入n:"))
if(m>n):
    print("[{:d},{:d}]满足条件的个数是: {:d}".format(n,m,func(m,n)))
else:
    print("[{:d},{:d}]满足条件的个数是: {:d}".format(m,n,func(m,n)))
```

运行结果如图 9-5 所示。

```
请输入m: 25
请输入n: 100
[25, 100]满足条件的个数是: 20
```

图 9-5 实例 9-2 运行结果图

【实例 9-3】编写函数 fun(n)。n 为一个三位自然数，判断 n 是否为水仙花数，若是，返回 True，否则返回 False。输入一个三位自然数，调用函数 fun(num)，并输出判断结果。水仙花数是指一个三位数，它的每个位上的数字的立方和等于它本身(例如，$1^3+5^3+3^3=153$，所以 153 是水仙花数)。

【分析】判断一个 3 位数是不是水仙花数，其关键是求每一位上的数字。假如一个三位整数 n=123。n 的个位数可以通过对 10 取余来实现，即 123%10=3；那么 n 的十位上的数字该怎么获得呢？这里有两种方法：第一种方法，先用 n 减去已经求得的个位数字 3 后，再除以

10，即(123-3)//10=12，再用 12 对 10 取余，即 12%10=2，得到 *n* 的十位数字为 2，该方法可以表述为((123-3)//10)%10；第二种方法，先用 *n* 对 10 取整，即 123//10=12，用 12 对 10 取余，即 12%10=2，得到 *n* 的十位数字为 2，该方法可以表述为 123//10%10=2。相比较而言，第二种方法较为简单。百位上的数字可以用 *n* 对 100 取整获得，即 123//100=1。

Python 中主要采取除以 10 取余数的办法，就可以取出个位数，然后利用整数除法，直接除以 10，就相当于舍弃了已经取出的这个数字。依此类推，就可以取出每一位数。

该实验项目利用了求余运算符“%”与整除运算符“//”。这种方法是经常使用的一种方法，需要熟练掌握。参考程序如下：

```
def narNum(n):
    a=n%10
    t=n//10%10
    h=n//100
    if(a**3+t**3+h**3==n):
        return True
    else:
        return False

x=eval(input("请输入一个三位数: "))
if(narNum(x)):
    print("{:d}是水仙花数。".format(x))
else:
    print("{:d}不是水仙花数。".format(x))
```

运行结果如图 9-6 所示。

```
请输入一个三位数: 153
153是水仙花数。
```

图 9-6　实例 9-3 运行结果图

【实例 9-4】编写计算三角形面积函数 TriangleArea(*x*,*y*,*z*)，其中 *x*、*y*、*z* 分别为三角形的三条边，三角形的面积计算公式如下：

$$\text{area}=\sqrt{c(c-x)(c-y)(c-z)} \quad c=\frac{1}{2}(x+y+z)$$

要求输入三角形的三条边，再求该三角形的面积。

【分析】计算三角形的面积用到 sqrt()，因此需要导入 math 库。

在输入三角形的三条边后，要先判断输入的三条边能否构成三角形，即三角形的任意两边之和大于第三边。

参考程序如下：

```
import math
def TriangleArea(x,y,z):
    c=(x+y+z)/2
    s=math.sqrt(c*(c-x)*(c-y)*(c-z))
    return s

s1=eval(input("请输入三角形的一条边: "))
s2=eval(input("请输入三角形的另一条边: "))
s3=eval(input("请输入三角形的第三条边: "))
if(s1+s2>s3 and s1+s3>s2 and s2+s3>s1):
```

```
    print("该三角形的面积是{:.2f}".format(TriangleArea(s1,s2,s3)))
else:
    print("输入的三条边无法构成三角形，不能计算！")
```

运行结果如图 9-7 所示。

```
请输入三角形的一条边：3
请输入三角形的另一条边：4
请输入三角形的第三条边：5
该三角形的面积是6.00
```

（a）输入三边构成三角形时的运行结果

```
请输入三角形的一条边：2
请输入三角形的另一条边：3
请输入三角形的第三条边：5
输入的三条边无法构成三角形，不能计算！
```

（b）输入三边不构成三角形时的运行结果

图 9-7　实例 9-4 运行结果

【实例 9-5】编写函数 isPrime(n)。对于已知正整数 *n*，判断该数是否为素数。如果是素数，返回 True，否则返回 False。调用该函数输出 50 以内的所有素数。

【分析】如果一个正整数 *m* 只有两个因子：1 和该正整数本身 *m*，则称 *m* 为素数。如果 *m* 不是素数，则 *m* 有满足 1<*d*<=int(sqrt(*m*))的一个因子 *d*。

参考程序如下：

```
import math
def isPrime(n):
    if n<2:
        return False
    if n==2:
        return True
    else:
        for i in range(2,int(math.sqrt(n))+1):
            if n%i==0:
                return False

        return True

m=eval(input("请输入一个正整数："))
if(isPrime(m)):
    print("{:d}是素数".format(m))
else:
    print("{:d}不是素数".format(m))
```

```
请输入一个正整数：25
25不是素数

请输入一个正整数：11
11是素数
```

图 9-8　实例 9-5 运行结果图

运行结果如图 9-8 所示。

【实例 9-6】已知 f=lambda a,b,c,d:a*b*c*d，编写程序从键盘输入 a、b、c、d 的值并调用该函数，分析该函数的执行结果。

【分析】f 是一个 lambda 表达式，即匿名函数，由 lambda 表达式的语法可知 a、b、c、d 为参数，f 为该表达式的名称。

该 lambda 表达式等价于：

```
def f(a,b,c,d):
    return a*b*c*d
```

参考程序如下：

```
f=lambda a,b,c,d:a*b*c*d

n1=eval(input("请输入n1:"))
```

```
n2=eval(input("请输入n2:"))
n3=eval(input("请输入n3:"))
n4=eval(input("请输入n4:"))

print("{:d}".format(f(n1,n2,n3,n4)))
```

运行结果如图 9-9 所示。

```
请输入n1:1
请输入n2:2
请输入n3:3
请输入n4:4
24
```

图 9-9　实例 9-6 运行结果

【实例 9-7】编写两个自定义函数，分别实现求两个数的最大公约数和最小公倍数，输入两个整数，求这两个整数的最大公约数和最小公倍数。

【分析】在 math 库中有求最大公约数的函数 gcd()，但题目要求是自定义函数，因此不能直接导入 math 库使用 gcd()，而要自己编写。求最大公约数的常用算法是辗转相除法，又名欧几里得算法，其基本思想是：两个正整数 a 和 b（$a>b$），它们的最大公约数等于 a 除以 b 的余数 c 和 b 之间的最大公约数。而两个整数的最小公倍数等于这两个数的乘积除以这两个整数的最大公约数。

在该例中，请注意形参对实参是否有影响。

参考程序如下：

```
def hcf(m,n):
    if(m>n):
        m,n=n,m

    while m%n!=0:
        m,n=n,m%n
    return n

def lcd(m,n):
    result =m*n//hcf(m,n)
    return result

x= eval(input("请输入第一个数: "))
y= eval(input("请输入第二个数: "))

print("{:d}和{:d}的最大公约数是: {:d}".format(x,y,hcf(x,y)))
print("{:d}和{:d}的最小公倍数是: {:d}".format(x,y,lcd(x,y)))
```

运行结果如图 9-10 所示。

```
请输入第一个数: 72
请输入第二个数: 54
72和54的最大公约数是: 18
72和54的最小公倍数是: 216
```

图 9-10　实例 9-7 运行结果

【实例 9-8】计算整数 m 的 n 次方的函数如下：

```
def power(m,n):
    result=1
    if m==0:
        return 1
    else:
        for i in range(1,n+1):
            result*=m
        return result
```

利用 Python 中支持默认值传递的特性，修改 power()函数，使其默认计算平方。

【分析】power()函数有两个参数，第一个参数用于接收底数，第二个参数用于接收指数。

将第二个参数设置为 2，当传入的参数只有一个时，计算底数的平方。

参考程序如下：

```
def power(m,n=2):
    result=1
    if m==0:
        return 1
    else:
       for i in range(1,n+1):
             result*=m
       return result
x=eval(input("请输入一个整数: "))
print("{:d}的平方是{:d}".format(x,power(x)))
```

运行结果如图 9-11 所示。

```
请输入一个整数：9
9的平方是81
```

图 9-11　实例 9-8 运行结果

【实例 9-9】 编写一个计算加法的函数 add()，要求每次调用 add()时，传递的参数的个数可以不同。

【分析】 根据题目要求，每次调用 add()时，传递的参数个数不确定，由此可知 add()为不定参数传递，应传入参数的位置，并将这些参数根据位置合并为一个元组。

参考程序如下：

```
def add(*number):
    sum=0
    for i in number:
        sum+=i
    return sum

print(add(1,2,3))
print(add(2,4,6,10,16))
```

运行结果如图 9-12 所示。

```
6
38
```

图 9-12　实例 9-9 运行结果图

在 add()函数的调用语句中，分别传入参数 1、2、3 和 2、4、6、10、16，两次调用传入的参数数量不相同。两次都调用了基于同一个函数 add()的定义。在调用过程中，number 得到的传入值分别是(1,2,3)和(2,4,6,10,16)，其数据类型为元组。

【实例 9-10】 编写一个函数，实现两个数的由大到小排序。调用该函数，输出排序前后的结果。

【分析】 两个数按照由大到小排序，其结果应该是排序后的值，即返回值是两个元素。尽管 Python 的函数只能返回单值，但值可以存在多个元素。

参考程序如下：

```
def sort(m,n):
    if m<n:
        return n,m
    else:
        return m,n

x=eval(input("请输入第一个数: "))
y=eval(input("请输入第二个数: "))
print("**********排序前**********")
print("{:d},{:d}".format(x,y))
```

```
x,y=sort(x,y)

print("**********排序后**********")
print("{:d},{:d}".format(x,y))
```

运行结果如图 9-13 所示。

```
请输入第一个数：32
请输入第二个数：128
**********排序前**********
32,128
**********排序后**********
128,32
```

```
请输入第一个数：64
请输入第二个数：16
**********排序前**********
64,16
**********排序后**********
64,16
```

图 9-13　实例 9-10 运行结果

五、实验作业

【作业 9-1】 编写函数，实现判断一个正整数是否能同时被 2 和 7 整除。如果能整除，则返回 1，否则返回 0。调用此函数找出区间 200 到 1 000 中所有满足条件的正整数并输出。

【作业 9-2】 编写函数实现求[1,n]内的奇数的和。输入 n 后调用该函数计算并输出结果。

【作业 9-3】 四叶玫瑰数是指四位数各位上的数字的四次方之和等于本身的数。编写函数，判断某个四位数是不是四叶玫瑰数，如果是则返回 1，否则返回 0。调用此函数找出所有的四叶玫瑰数并输出。

【作业 9-4】 编写函数，计算一个正整数的各位数字之和。调用此函数，输出所输入的正整数的各位数字之和。

【作业 9-5】 编写计算阶乘的函数。调用该函数计算 $s=m!+n!+k!$的和。其中，m、n、k 的值从键盘输入。

【作业 9-6】 编写函数，计算一个正整数 n 的所有因子之和，不包括 1 和 n。调用此函数，输出[30,40]内每个数值的因子之和。

【作业 9-7】 身体质量指数（Body Mass Index，BMI）在国际上常用来衡量人体肥胖程度，是通过人体体重和身高两个数值获得的相对客观的参数，并用这个参数所处范围衡量身体质量。表 9-1 为 BMI 分类及我国参考标准。BMI 计算公式如下：

BMI=体重/身高的平方（国际单位 kg/m^2）。

表 9-1　BMI 分类及我国参考标准

BMI 分类	我国参考标准
偏瘦	<18.5
正常	18.5 ~ 23.9
超重	≥24
偏胖	24 ~ 26.9
肥胖	27 ~ 29.9
重度肥胖	≥30

编写计算 BMI 的函数 calBMI(w,h)，从键盘输入体重（kg）和身高（m），调用 calBMI() 函数计算 BMI 并判断身体肥胖程度。

【作业 9-8】 编写函数 multiply()，要求参数个数不定，返回所有数的成绩。

【作业 9-9】 编写函数 sort2Num()，实现两个数的由小到大排序。调用该函数，输出排序前后的结果。

【作业 9-10】 五位数的回文数是指该数的个位数和万位数相等，十位数和千位数相等。编写函数，判断一个五位数是不是回文数。调用该函数，输出区间[35 000,40 000]之间的所有回文数。

【作业 9-11】 编写函数，分别计算两个整数的平方，并将结果值通过参数返回。调用此函数并输出结果。

实验 10

函数（二）

一、实验目的

- 了解并掌握递归函数。
- 了解高阶函数的定义，熟练掌握高阶函数的使用。
- 了解并掌握 Python 中常用的高阶函数。
- 了解并掌握 Python 的模块的使用。

二、实验学时

2 学时。

三、实验预备知识

1. 递归函数

利用递归思想可以把一个复杂的问题转化为一个与原问题相似的简单问题来求解。递归算法只需少量的程序就可描述出解题过程所需要的多次重复计算，大大地减少了程序的代码量。用递归思想写出的程序通常简洁易懂。

n!递归定义如下：

$$n!=\begin{cases} n\times(n-1)! & (n>1) \\ 1 & (n=0,1) \end{cases}$$

根据这个关于阶乘的递归公式，不难得到如下递归函数：

```
def factor(n):
    if(n<=1):
        return 1
    else:
        return n*factor(n-1)
```

若主程序中有如下调用，则函数递归求解的工作过程如图 10–1 所示。

```
print(factor(3))
```

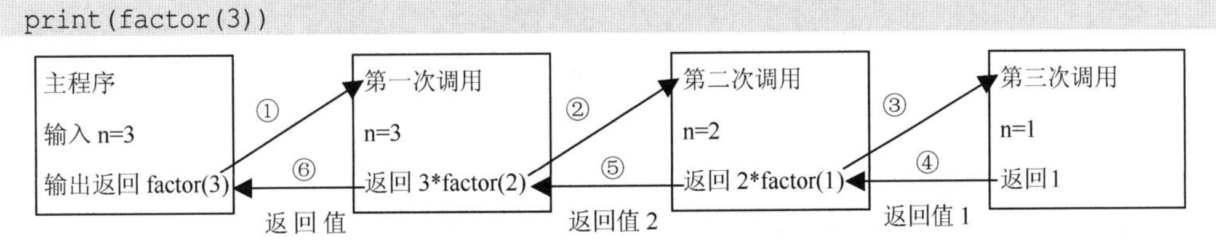

图 10–1　递归函数 factor(4)的实现过程

任何一个递归调用程序必须包括两部分：

① 递归循环继续的过程。

② 递归调用结束的过程。

递归函数的形式一般如下：

```
if(递归终止条件成立):
    return  递归公式的初值
else:
    return  递归函数调用返回的结果值
```

2. 高阶函数

高阶函数（Higher-order Function）是能够接收将函数名称作为参数传递的函数。这里函数对象名称的类型是函数而不是字符串。

请看下面这段程序：

```
def func(x,y,f):
    return f(x)+f(y)
```

如果传入 abs 作为参数 f 的值：

```
func(-5,-9,abs)
```

根据函数的定义，上述函数实际执行的是：

```
abs(-5)+abs(-9)
```

3. Python 常用的高阶函数

Python 中内置的常用高阶函数有：map()函数、reduce()函数、filter()函数、zip()函数、sorted()函数等。

（1）map()函数

map 函数的原型是：

```
map(function, iterable, ...)
```

参数 function 传的是一个函数名，可以是 Python 的内置函数，也可以是用户自定义函数；参数 iterable 传的是一个可以迭代的对象，如：列表，元组，字符串等。返回结果是一个可迭代对象。

该函数作用是将 function 应用于 iterable 的每一个元素，结果以可迭代对象的形式返回。注意，iterable 后面还有省略号，意思就是可以传很多个 iterable，如果有额外的 iterable 参数，并行的从这些参数中取元素，并调用 function。如果一个 iterable 参数比另外的 iterable 参数要短，将以 None 扩展该参数元素。

（2）reduce()函数

reduce()函数的原型是：

```
reduce(function, iterable[, initializer])
```

参数 function 传的是一个函数名，可以是 Python 的内置函数，也可以是用户自定义函数；参数 iterable 传的是一个可以迭代的对象。initializer 是可选参数，初始参数。返回函数计算结果。

reduce()函数将一个可迭代对象中的所有数据进行下列操作：用传给 reduce()中的函数 function（有两个参数）先对集合中的第 1、2 个元素进行操作，得到的结果再与第三个数据用 function 函数运算，最后得到一个结果。

Python 3.X 中 reduce()已经被移到 functools 模块里，如果要使用该函数，需要引入 functools 模块来调用 reduce()函数：

```
from functools import reduce
```

（3）filter()函数

filter()函数原型为：

```
filter(function, iterable)
```

用 iterable 中 function()函数（该函数为判断函数，返回值为 True 或 False）返回 True 的那些元素，构建一个新的迭代器。iterable 可以是一个序列，一个支持迭代的容器，或一个迭代器。如果 function 是 None，则会假设它是一个身份函数，即 iterable 中所有返回 False 的元素会被移除。

（4）zip()函数

zip()函数原型为：

```
zip(*iterables[, strict=False])
```

在多个迭代对象 iterables 上并行迭代，从每个迭代器返回一个数据项组成 zip 对象。可选参数 strict 用于判断迭代器的长度是否相同。

需要注意的是，传给 zip()的可迭代对象可能长度不同，有时是有意为之，有时是因为准备这些对象的代码存在错误。Python 提供了下面三种不同的处理方案：

① 默认情况下，zip()在最短的迭代完成后停止。较长可迭代对象中的剩余项将被忽略，结果会裁切至最短可迭代对象的长度。

② 通常 zip()用于可迭代对象等长的情况下。这时建议用 strict=True 的选项。输出与普通的 zip()相同。

③ 为了让所有的可迭代对象具有相同的长度，长度较短的可用常量进行填充。

（5）sorted()函数

sorted()函数原型为：

```
sorted(iterable, [key=None][, reverse=False])
```

根据 iterable 中的项返回一个新的已排序列表，具有两个可选参数，它们都必须指定为关键字参数。key 指定带有单个参数的函数，用于从 iterable 的每个元素中提取用于比较的键（例如 key=abs），默认值为 None（直接比较元素）。reverse 为一个布尔值，如果设为 reverse=True，则每个列表元素将按降序排序，默认情况为 reverse=False，每个列表元素将按升序排序。

4. Python 模块及导入方法

模块能够有逻辑地组织 Python 代码段。把相关的代码放置在一个模块中，使代码易懂易用。Python 程序每个.py 文件都可以视为一个模块。一个空的 Python 文件也可以称为模块。

Python 中的模块可分为三类：内置模块、第三方模块和自定义模块。

内置模块是 Python 内置标准库中的模块，也是 Python 的官方模块，可直接导入程序供开发人员使用。

第三方模块是由非官方制作发布的、供给用户使用的 Python 模块，在使用之前需要开发人员先自行安装。

自定义模块是开发人员在程序编写的过程中自行编写的、存放功能性代码的.py 文件。

使用模块的最简单方法就是：

```
import 模块名
```

如果不希望每次访问某个模块的资源都带上模块名，可以使用下面的方法：

```
from 模块名 import *
```

这样指定模块的内容都被加载到了当前空间，使用时便不需要再带上模块名。

四、实验内容和要求

【实例 10-1】 斐波那契数列（Fibonacci sequence），又称黄金分割数列，因数学家莱昂纳多·斐波那契（Leonardo Fibonacci）以兔子繁殖为例子而引入，故又称为“兔子数列”，指的是这样一个数列：1,1,2,3,5,8,13,21,34,...。

在数学上，斐波那契数列以如下递推的方法定义：

$$f(1)=1, f(2)=1, f(n)=f(n-1)+f(n-2)\ (n\geqslant 3,\ n\in \mathbf{N}^*)$$

编写实现斐波那契数的函数 Fib()，实现根据用户输入的数字调用函数 Fib()并输出相应的斐波那契数。

【分析】 按照题目要求编写实现斐波那契数的函数 Fib()。根据斐波那契数列的定义，在编写函数时，1 和 2 分为一类，大于 2 的分为一类。考虑到程序的严谨性，增加小于 1 的一类。调用该函数时，先对函数的值进行判断，再做相应的处理。

参考程序如下：

```
def Fib(n):
    if n<1:
        return -1
    elif n==1 or n==2:
        return 1
    else:
        return Fib(n-2)+Fib(n-1)

num = int(input("请输入一个整数: \n"))

while Fib(num)<1:
    print("输入错误,请重新输入! ")
    num = int(input("请输入一个整数: \n"))

print("斐波那契数列第%d 项的值为: %d."%(num,Fib(num)))
```

运行结果如图 10-2 所示。

```
请输入一个整数:
-5
输入错误，请重新输入！
请输入一个整数:
5
斐波那契数列第5项的值为：5.
```

图 10-2　实例 10-1 运行结果

【实例 10-2】 某专业各门课程的成绩存储在字典 grade={'大学语文':86,'高等数学':64,'Python 程序设计':91,'体育':78,'英语':67}中，对各门课程成的成绩降序排序。

【分析】 该实例涉及两个知识点：

一个是用 items()方法将字典中的 key/value 元素，转化为了元组，生成列表 [('大学语文',86),('高等数学',64),('Python 程序设计',91),('体育',78),('英语',67)]，不妨设列表为 gradeList。

另一个是高阶函数 sorted()的使用。sorted()函数有三个参数：第一个参数为排序对象，本例中就是 gradeList；第二个参数是可以接收一个函数（仅有一个参数）来实现自定义排序，本例中也就是成绩项，既可以用函数实现，也可以用 lambda 表达式实现；第三个参数 reverse 用来指定排序方式。本例要求使用降序排序，因此 reverse=True。

参考程序如下：

```
def score(tup):
    return tup[1] #形如(a,b)的元组，返回b

grade={'大学语文':86,'高等数学':64,'Python程序设计':91,'体育':78,'英语':67}
gradeList =list(grade.items())
sortedList=sorted(gradeList,key=score,reverse=True)

print("排序前的成绩列表为: \n",gradeList)
print("排序后的成绩列表为: \n",sortedList)
```

运行结果如图 10-3 所示。

```
排序前的成绩列表为:
 [('大学语文', 86), ('高等数学', 64), ('Python程序设计', 91), ('体育', 78), ('英语', 67)]
排序后的成绩列表为:
 [('Python程序设计', 91), ('大学语文', 86), ('体育', 78), ('英语', 67), ('高等数学', 64)]
```

图 10-3　实例 10-2 运行结果

如果 sorted()的第二个参数使用 lambda 表达式，本例可编写为：

```
grade={'大学语文':86,'高等数学':64,'Python程序设计':91,'体育':78,'英语':67}
gradeList =list(grade.items())
sortedList=sorted(gradeList,key=lambda tup:tup[1],reverse=True)
print("排序前的成绩列表为: \n",gradeList)
print("排序后的成绩列表为: \n",sortedList)
```

【实例 10-3】 现有列表 listNum=[1,2,3,4,5,6,7,8,9]，实现以下功能：

① 使用 filter()函数求 listNum 中能被 3 整除的数，生成列表 listThree。

② 使用 map()函数求 listNum 中各元素的立方，生成列表 listPow3。

③ 使用 reduce()函数求 listNum 各元素的和。

【分析】 该实例是对 Python 中常用内置高阶函数的综合应用。

① filter()函数有两个参数。第一个参数是功能函数，本例中是判断某一整数是否能被 3 整除；第二个参数是 listNum。

② map()函数有两个参数。第一个参数是功能函数，本例中是求某个数的立方；第二个参数是 listNum。

③ reduce()函数有两个参数。第一个参数是功能函数，本例中是求两个数的和；第二个参数是 listNum。注意使用 reduce()函数时别忘了添加 from functools import reduce。

参考程序如下：

```
from functools import reduce
def div3(n):
    if n%3==0:
        return True
    else:
        return False

def pow3(n):
    return n**3
```

```
def sum2(x,y):
    return x+y

listNum=[1,2,3,4,5,6,7,8,9]
listThree = list(filter(div3,listNum))
print(listNum,"中能被 3 整除的数所生成的新列表为: ",listThree)

listPow3=list(map(pow3,listNum))
print(listNum,"中各元素的立方所生成的新列表为: \n",listPow3)

result = reduce(sum2,listNum)
print(listNum,"中各元素的和为: ",result)
```

运行结果如图 10-4 所示。

```
[1, 2, 3, 4, 5, 6, 7, 8, 9] 中能被3整除的数所生成的新列表为： [3, 6, 9]
[1, 2, 3, 4, 5, 6, 7, 8, 9] 中各元素的立方所生成的新列表为：
 [1, 8, 27, 64, 125, 216, 343, 512, 729]
[1, 2, 3, 4, 5, 6, 7, 8, 9] 中各元素的和为： 45
```

图 10-4　实例 10-3 运行结果图

该实例的功能函数也适合采用 lambda 表达式来实现。该实例可以编写为：

```
from functools import reduce

listNum=[1,2,3,4,5,6,7,8,9]
listThree = list(filter(lambda x:x%3==0,listNum))
print(listNum,"中能被 3 整除的数所生成的新列表为: ",listThree)

listPow3=list(map(lambda x:x**3,listNum))
print(listNum,"中各元素的立方所生成的新列表为: \n",listPow3)

result = reduce(lambda x,y:x+y,listNum)
print(listNum,"中各元素的和为: ",result)
```

【实例 10-4】 在 myModule.py 中有两个函数。isNarNum()函数用于判断一个三位整数是否为水仙花数；isParlinNum()函数用于判断一个三位整数是否为回文数。水仙花数是指一个三位数，它的每个位上的数字的立方和等于它本身。例如：$1^3+5^3+3^3=153$。三位数的回文数是指该三位数的个位和百位的数字相同。例如：121。请编程实现该模块。

在 myJob.py 中输入一个三位整数，调用 myModule.py 中的两个函数，判断输入的数是否是水仙花数或者回文数。

【分析】 该实例是用户自定义模块的使用。根据以往所学知识可以完成 myModule.py 模块中两个函数的编写。在 myJob.py 中调用时，可采用 import myModule 或者 from myModule import *，在编写程序时稍有不同。

myModule.py 参考程序如下：

```
def isNarNum(n):
    a = n % 10
    t = n//10%10
    h = n//100
    if a**3+t**3+h**3==n:
```

```
        return True
    else:
        return False

def isParlinNum(n):
    a = n % 10
    h = n//100
    if a==h:
        return True
    else:
        return False
```

如果使用 import myModule，参考程序如下：

```
import myModule

num = int(input("请输入一个三位整数: \n"))
while num<100 or num>=1000:
    print("输入的不是三位数，请重新输入一个三位整数: \n")
    num = int(input(""))

if myModule.isNarNum(num):
    print("%d 是水仙花数。"%num)
else:
    print("%d 不是水仙花数。"%num)

if myModule.isParlinNum(num):
    print("%d 是回文数。"%num)
else:
    print("%d 不是回文数。"%num)
```

如果使用 from myModule import*，参考程序如下：

```
from  myModule import*

num = int(input("请输入一个三位整数: \n"))
while num<100 or num>=1000:
    print("输入的不是三位数，请重新输入一个三位整数: \n")
    num = int(input(""))

if isNarNum(num):
    print("%d 是水仙花数。"%num)
else:
    print("%d 不是水仙花数。"%num)

if isParlinNum(num):
    print("%d 是回文数。"%num)
else:
    print("%d 不是回文数。"%num)
```

运行结果如图 10-5 所示。

请对比分析在 myJob.py 中 import 的两种形式对编写程序的差异。

```
请输入一个三位整数：
121
121不是水仙花数。
121是回文数。
```

```
请输入一个三位整数：
153
153是水仙花数。
153不是回文数。
```

图 10-5　实例 10-4 运行结果

五、实验作业

【作业 10-1】 用递归的方法计算下列多项式的值。

$$P(x,n)=x-x^2+x^3-x^4+\ldots+(-1)^{n-1}x^n\ (n>0)$$

提示：$P(x,n)=x-x^2+x^3-x^4+\ldots+(-1)^{n-1}x^n$

$=x(1-x+x^2-x^3+\ldots+(-1)^{n-1}x^{n-1})$

$=x(1-(x-x^2+x^3-\ldots+(-1)^{n-2}x^{n-1}))$

$=x(1-P(x,n-1))$

【作业 10-2】 姓名列表 nameList=['安鑫', '白雪', '蔡玲玲', '黄铭', '王鑫', '张丹丹']和成绩列表 gradeList=[72,56,90,88,65,53]，且姓名和成绩一一对应。请将 nameList 和 gradeList 两个列表合并为一个列表，并按成绩降序排序并输出。输出结果格式如下：

[('蔡玲玲', 90), ('黄铭', 88), ('安鑫', 72), ('王鑫', 65), ('白雪', 56), ('张丹丹', 53)]

提示：将 nameList 和 gradeList 合并可使用 zip()函数。

【作业 10-3】 现有列表 listCh=['12', '78', '-69', '108', '-2', '36', '5', '3', '-90', '8']，实现以下功能：

① 使用 map()函数将 listCh 中各元素转换为数值型，生成数值型列表 listNum。

② 使用 filter()函数求 listNum 中能被 2 和 3 整除的数，生成列表 listCon23。

③ 使用 reduce()函数求 listNum 各元素的和。

④ 使用 sorted()函数将 listNum 按绝对值升序排序。

【作业 10-4】 在 myModule.py 中有两个函数：isRoseNum()用于判断一个四位整数是否为四叶玫瑰数；isSymNum()用于判断一个四位整数是否为对称数。四叶玫瑰数是指四位整数各位上的数字的四次方之和等于本身的数。例如：$1634=1^4+6^4+3^4+4^4$。四位数的对称数是指该四位数的个位和千位的数字相同，十位和百位数字相同。例如：1221。请编写该模块。

在 myJob.py 中输入一个四位整数，调用 myModule.py 中的两个函数，判断输入的数是不是四叶玫瑰数或者对称数。

实验 11

字 符 串 «‹

一、实验目的

- 掌握字符串的索引和切片。
- 了解字符串的编码。
- 掌握运算符和内置函数对字符串的操作。
- 掌握字符串对象的方法。

二、实验学时

1 学时。

三、实验预备知识

1. 特殊字符串

（1）转义字符

在字符串中，某些字符前带有斜杠，那么这个字符不再是原来的字符，不代表字符的原来意义，而是被计算机赋予了其他含义。在程序运行时，这些斜杠字符被解释为其他含义。在计算机中我们通常把前面带有斜杠的字符又称转义符。常见的转义字符见表 11–1。

表 11–1　BMI 分类及我国参考标准

转义字符	含　　义
\b	退格
\n	换行符
\r	回车
\t	水平制表符
\v	垂直制表符
\\	一条斜线\
\ooo	3 位八进制数对应的字符
\uhhhh	4 位十六进制数表示的 Unicode 字符

（2）原始字符串

因为转义符的存在，在某些字符串中，比如路径里需要将路径分隔符都写成双斜线，否则会导致错误。将每个路径都用双斜线表示在实际编程中过于反锁。这时可以使用原始字符串。在字符串前加上字母 r，则字符串中的字符都是字符本身的表示，不再转义。

（3）U 字符串

若字符串前面有字母 u，则表示这个字符串的存储格式为 Unicode。不仅是针对中文，可以针对任何的字符串，代表对字符串进行 Unicode 编码。一般英文字符在使用各种编码下，基本都可以正常解析，所以一般不带 u；但是中文时，需要表明所需编码，否则一旦编码转换就会出现乱码。字符串前面加字母 u 表示该字符串的编码格式为 Unicode 编码，若当前程序文件或文本内容为 Unicode 编码，可以在文件开头统一进行设定。

例如，utf-8 编码则在文件第一行加如下语句：

```
# -*- coding: utf-8 -*-
```

2. 字符串的切片

字符串属于序列类型，可以通过下标来进行切片操作。

① 设有一个字符串对象 s，切片操作的语法是：

```
s[ start : end ]
```

start 表示的是字符串切片的开始下标，end 表示终止字符串结束的前一个位置。

② 如果从开头切片到某个特定的位置可以用 s[: end]来表示。

③ 如果从某一位开始切片 1 到最后一位可以用 s[start :]来表示。

④ 间隔地取出字符串中的字符的语法格式：s [start: end: stride]。

3. 运算符和内置函数对字符串的操作

① chr(x)：返回 Unicode 编码 x 对应的字符。

② ord(x)：返回单个字符 x 对应的 Unicode 编码。

③ hex(x)：返回整数 x 对应的十六进制的小写形式的字符串。

④ otc(x)：返回整数 x 对应的八进制的小写形式的字符串。

4. 字符串对象的常用方法

① str.upper()：返回原字符串 str 的副本，其中所有区分大小写的字符均转换为大写。

② str.lower()：返回原字符串 str 的副本，其中所有区分大小写的字符均转换为小写。

③ str.swapcase()：返回原字符串 str 的副本，转换大小写。

④ str.isdigit()：若字符串 str 中的字符都是数字，则返回 True，否则返回 False。

⑤ str.isspace()：若字符串 str 中的字符都是空白字符，则返回 True，否则返回 False。

⑥ str.startswith(prefix[,start[,end]])：str[start:end]切片中以 prefix 开头返回 True，否则返回 False。

⑦ str.endswith(suffix[,start[,end]])：str[start:end]切片中以 suffix 开头返回 True，否则返回 False。

⑧ str.find(sub[,start[,end]])：返回子字符串 sub 在 str[start:end]切片内被找到的最小索引。

⑨ str.center(width[,fillchar])：返回长度为 width 的字符串，原字符串在其正中。使用指定的 fillchar 填充两边的空位。

⑩ str.join(iterable)：返回一个由 iterable 中的字符串拼接而成的字符串。

⑪ str.replace(old,new[,count])：返回字符串的副本，其中出现的所有子字符串 old 都将被替换为 new。

⑫ str.split(sep=None,maxsplit=-1)：返回一个由字符串内单词组成的列表，使用 sep 作为分隔字符串。

⑬ str.strip([chars])：返回原字符串的副本，移除其中的前导和末尾字符。chars 参数为指定要移除字符的字符串。默认为空白字符。

⑭ str.zfill(width)：返回原字符串的副本，在左边填充'0'使其长度变为 width。

四、实验内容和要求

【实例 11-1】不使用 for 循环，按要求输出 26 个英文字母，如下：

'abcdefghijklmnopqrstuvwxyz'

① 逆序输出。

② 按步长为 3 输出。

③ 输出索引位置为 2 到 5 的数据，不包括位置 5，且步长为 2。

④ 分别输出下标为偶数与奇数的字母。

⑤ 从右向左第 3 到第 5 位数据，包含第 5 位。

【分析】本例主要考查字符串的切片的各种使用方法。

参考代码如下：

```
str_s = 'abcdefghijklmnopqrstuvwxyz'
#①逆序输出
str_a = str_s[::-1]
print("(1)逆序输出为: ",str_a)
#②按步长为 3 输出
str_b = str_s[::3]
print("(2)逆序输出为: ",str_b)
#③输出索引位置为 2 到 5 的数据，不包括位置 5，且步长为 2
str_c = str_s[2:5:2]
print("(3)输出为: ",str_c)
#④输出下标为偶数与奇数的字母
str_d = str_s[::2]          #偶数下标字母
str_e = str_s[1::2]         #奇数下标字母
print("(4)偶数下标字母输出为: ",str_d)
print("(4)基数下标字母输出为: ",str_e)
#⑤从右向左第 3 到第 5 位数据，包含第 5 位
str_f = str_s[-1:-6:-1]
print("(5)输出为: ", str_f)
```

运行结果如下：

```
(1)逆序输出为:  zyxwvutsrqponmlkjihgfedcba
(2)逆序输出为:  adgjmpsvy
(3)输出为:  ce
(4)偶数下标字母输出为:  acegikmoqsuwy
(4)基数下标字母输出为:  bdfhjlnprtvxz
(5)输出为:  zyxwv
```

【实例 11-2】输入年份、月份和日期，输出这个日期是星期几。

【分析】利用 Python 的内置日历模块 calendar。设置表示星期的字符串 s="星期一星期二星期三星期四星期五星期六星期日"，根据 calendar.weekday()得到的返回值 0~6，再输出字符串切片对应的星期几。

切片规则为：设返回值为 i，则星期字符串切片规律为 s[i*s:i*3+3]。

参考程序如下：

```
#输入年月日，输出星期几
import calendar
s = "星期一星期二星期三星期四星期五星期六星期日"
```

```
while True:
    y = int(input("请输入年份, Q 为退出:\n"))
    if y in ('q','Q'):
        break;
    else:
        m = int(input("请输入月: \n"))
        d = int(input("请输入日: \n"))
        i = calendar.weekday(y, m, d)
        #当 i 的值为 0 时应对应"星期一", 星期字符串切片规律为 s[i*s:i*3+3]
    print("输入日期为: {0}年{1}月{2}日是{3:>5}。".format(y,m,d,s[i*3:i*3+3]))
```

运行结果如下：

```
请输入年份, Q 为退出:
2021
请输入月:
10
请输入日:
31
输入日期为: 2021 年 10 月 31 日是  星期日。
请输入年份, Q 为退出:
```

【实例 11-3】 请将下列字符串按照要求输出。

```
str_a = "Python language is very interesting. "
```

① 将字符串按五十个字符的固定长度输出，左对齐，右边不够用!补齐。

② 将字符串按五十个字符的固定长度输出，右对齐，左边不够用*补齐。

③ 将字符串按五十个字符的固定长度输出，中间对齐，两边不够用#补齐。

【分析】 本例主要考查字符串对象的格式化方法的使用。主要是各类格式方法的使用。

参考程序如下：

```
str_a = 'Python language is very interesting.'
print(str_a.ljust(50, '!'))
print(str_a.rjust(50, '*'))
print(str_a.center(50, '#'))
```

运行结果如下：

```
Python language is very interesting.!!!!!!!!!!!!!!
**************Python language is very interesting.
#######Python language is very interesting.#######
```

【实例 11-4】 请将下列字符串按照要求输出。

```
str_a = "pythin  "
```

① 将字符串两边的空格去除并输出。

② 判断字符串是否以“py”开头。

③ 判断字符串是否以'n'结尾。

④ 把字符串中的字母'i'替换为字母'o'。

【分析】 本例主要考查字符串对象的判断方法的使用，涉及的字符串对象方法有 strip()、startwith()和 endwith()等。

参考程序如下：

```
str_a = 'pythin  '
```

```
#第①问
print(str_a.strip(' '))

#第②问
if str_a.startswith('py'):
    print("是以py开头。")
else:
    print("不是以py开头。")

#第③问
if str_a.endswith("n"):
    print("是以n结尾。")
else:
    print("不是以n结尾。")

#第④问
print(str_a.replace('i','o'))
```

运行结果如下：

```
pythin
是以py开头。
不是以n结尾。
python
```

【实例 11-5】输入以下两个字符串，按要求输出结果。

```
str_a = "This is a simple Python program."
str_b = "Python language is very interesting."
```

① 判断这个字符串是否包含数字是否包含标点符号。

② 将每一句句首字母改为大写输出。

③ 将所有单词的首字母大写输出。

④ 计算单词的个数。

【分析】本例主要考查字符串成员判读和字符串对象方法的使用。根据题目要求，先将两个字符串合并。这样可以简化操作。

参考程序如下：

```
import string

str_a = 'This is a simple Python program.'
str_b = 'python language is very interesting.'

text = str_a + str_b

isNum = False    #是否包含数字标识
isPun = False    #是否包含标点标识

#①判断这个字符串是否包含数字是否包含标点符号
for i in text:
    if i.isdigit():
        isNum = True
```

```
        elif i in string.punctuation:
            isPun = True
    if isNum:
        print("(1)字符串包含数字。")
    else:
        print("(1)字符串不包含数字。")
    if isPun:
        print("(1)字符串包含标点。")
    else:
        print("(1)字符串不包含标点。")

    #②将每一句句首字母改为大写输出
    print("(2)句首字母大写: ", str_a.capitalize())
    print("(2)句首字母大写: ", str_b.capitalize())

    #③将所有单词的首字母大写输出
    print("(3)所有单词首字母大写",text.title())

    #④计算所有单词的个数
    #首先将text中所有的标点替换为空格
    #然后将字符串按照空格进行分离
    #获得一个字符串列表，统计列表元素个数就是单词个数
    for i in text:
        if i in string.punctuation:
            text_2 = text.replace(i,' ')
    print("(4)去除标点后的字符串为: " , text_2)
    words = text_2.split(' ')
    print("(4)分离后字符串列表为: ", words)
    words_num = len(words)
    print("(4)单词个数是: " , words_num)
```

运行结果如下：

```
    (1)字符串不包含数字。
    (1)字符串包含标点。
    (2)句首字母大写:  This is a simple python program.
    (2)句首字母大写:  Python language is very interesting.
    (3)所有单词首字母大写 This Is A Simple Python Program.Python Language Is Very
Interesting.
    (4)去除标点后的字符串为:  This is a simple Python program python language is very
interesting
    (4)分离后字符串列表为:  ['This', 'is', 'a', 'simple', 'Python', 'program',
'python', 'language', 'is', 'very', 'interesting', '']
    (4)单词个数是:  12
```

【实例 11-6】编写加密和解密程序。输入一段英文，采用了替换方法对信息中的每一个英文字符循环替换为字母表序列该字符后面第五个字符，对应关系如下：

原文：A B C D E F G H I J K L M N O P Q R S T U V W X Y Z

密文：F G H I J K L M N O P Q R S T U V W X Y Z A B C D E

原文字符 P，其密文字符 C 满足如下条件：

$$C = (P + 5) \bmod 26$$

解密方法反之，满足：

$$P = (C-5) \bmod 26$$

【分析】本例设计一个简单的程序界面，通过用户的输入进行加密或解密选择。已经给出加密、解密的公式，那么加密、解密操作主要通过 chr()函数和 ord()函数来实现。

参考程序如下：

```
#主程序
while True:
    print("1—加密程序".center(20,'*'))
    print("2—解密程序".center(20,'*'))
    print("0—退出".center(22,'*'))
    choice = input("请输入选项: ")
    if choice == '0':
        break
    elif choice == '1':
        plaincode = input("请输入明文: ")
        print("密文是: ",end='')
        for p in plaincode:
            if ord("a") <= ord(p) <= ord("z"):
                print(chr(ord("a")+(ord(p)-ord("a")+5)%26), end='')
            else:
                print(p, end='')
        print()

    elif choice == '2':
        plaincode = input("请输入密文: ")
        print("明文是: ",end='')
        for p in plaincode:
            if ord("a") <= ord(p) <= ord("z"):
                print(chr(ord("a")+(ord(p)-ord("a")-5)%26), end='')
            else:
                print(p, end='')
        print()
    else:
        print("选项输入错误，请重新输入。")
```

运行结果如下：

```
******1—加密程序*******
******2—解密程序*******
********0—退出*********
请输入选项: 1
请输入明文: abcd1234
密文是: fghi1234
******1—加密程序*******
******2—解密程序*******
********0—退出*********
请输入选项: 2
请输入密文: fghi1234
明文是: abcd1234
******1—加密程序*******
```

```
******2—解密程序*******
********0—退出*********
请输入选项:
```

【实例 11-7】一个字符串，对其每三个字符进行一次翻转，如下：

字符串：abcdefghi ==> 翻转后：cbafedihg

如果最后待翻转的不足三个字符，也同样进行翻转，如下：

字符串：abcdefgh ==> 翻转后：cbafedhgo。

【分析】

方法一：遍历字符串，每间隔三个字符，对其进行翻转，然后拼接到新字符串。遍历结束后，判断新字符串的长度，是否和原字符串一致。如果不一致则需要对剩余部分字符进行翻转，再拼接到新字符串。

参考程序如下：

```
old_str = input("请输入一个字符串")
new_str = ""
for i in range(len(old_str)):
    if (i + 1) % 3 == 0:
        new_str += old_str[i-2:i+1][::-1]
if len(old_str) != len(new_str):
    new_str += old_str[len(new_str):][::-1]
print(new_str)
```

方法二：遍历字符串，步长为 3。准备一个列表，每三个字符，作为一个字符串添加到列表中。遍历列表，对列表中的每个字符串进行翻转，再通过 join()方法用依次拼接。

参考程序如下：

```
old_str = input("请输入一个字符串")
temp = []
for i in range(0, len(old_str), 3):
    temp.append(old_str[i:i+3])
new_str = "".join([i[::-1] for i in temp])
print(new_str)
```

方法三：参考程序如下。

```
old_str = input("请输入一个字符串")
print("".join([old_str[i:i+3][::-1] for i in range(0, len(old_str), 3)]))
```

五、实验作业

【作业 11-1】编写程序，输入一段英文，分别统计单词长度为 3，4，5 的单词个数。

【作业 11-2】给定字符串 s1 和字符串 s2，请检测字符串 s2 是否在字符串 s1 中。如果存在则返回字符串 s2 中每次出现字符串 s1 的起始位置，否则返回-1。

例如，给定一个字符串 s1：GBRRGBRGG，另一个字符串 s2：RG。那么字符串"RG"在"GBRRGBRGG"中出现的位置为 3，6。

【作业 11-3】输入一个字符串，计算这个字符串中所有数字的和。数字可能连续，也可能不连续。连续的数字要当作一个数值处理。

【作业 11-4】输入一个身份证号和一个电话号码，首先判断身份证号是不是 18 位数字，判断电话号码是不是 11 位数字，然后对这两项信息进行脱敏处理，即将身份证号的第 7~14 位，手机号码的第 4~7 位用“*”代替。

【作业 11-5】某格式为 csv 的文件中有下列两行数据。

郑州,30.94,2357.28\n

洛阳,21.00,3233.64\n

每行包含三个数据，中间由逗号间隔。将这两行数据行尾的换行符除掉，将数据转换为两个列表输出。每一行数据为一个列表，每一个列表包含字符串，每一个字符串对应这一行的一个数据。

实验 12

正则表达式 «‹

一、实验目的

- 了解正则表达式元字符。
- 掌握常用的正则表达式。
- 了解并熟练使用正则表达式模块。

二、实验学时

2 学时。

三、实验预备知识

正则表达式，又称规则表达式，英语为 Regular Expression，在代码中常简写为 regex、regexp 或 RE。正则表达式是计算机科学的一个概念，通常被用来检索、替换那些符合某个模式(规则)的文本。简单地说，正则表达式是用来和字符串匹配的。

1. 使用正则表达式的目的

① 给定的字符串是否符合正则表达式的过滤逻辑（称作“匹配”）。

② 可以通过正则表达式从字符串中获取我们想要的特定部分。

2. 正则表达式的特点

① 灵活性、逻辑性和功能性非常强。

② 可以迅速地用极简单的方式达到对字符串的查找、替换等处理要求，在文本编辑与处理、网页爬虫之类的场合中有重要应用。

③ 对于初学者来说，有一定难度。

由于正则表达式的主要应用对象是文本，因此它在各种文本编辑器场合都有应用，小到著名编辑器 EditPlus，大到 Microsoft Word、Visual Studio 等大型编辑器，都可以使用正则表达式来处理文本内容。Python 从 1.5 版本开始加入了正则表达式模块 re 模块。

3. 元字符

正则表达式由一些普通字符和一些元字符（metacharacters）组成。普通字符包括大小写的字母和数字，而元字符则具有特殊的含义。

表 12–1 列出了常用的元字符及其功能。

表 12-1　元字符及其功能

元 字 符	功 能 说 明
\	将下一个字符标记符，或一个向后引用，或一个八进制转义符
.	匹配除换行符以外的任意单个字符

续上表

元 字 符	功 能 说 明
*	匹配位于*之前的字符或子模式任意次
+	匹配位于+之前的字符或子模式的一次或多次出现
-	在[ ]之内用来表示范围
|	匹配位于|之前或之后的字符
^	匹配行首，匹配以^后面的字符开头的字符串
$	匹配行尾，匹配以$之前的字符结束的字符串
?	匹配位于?之前的 0 个或 1 个字符。当此字符紧随任何其他限定符（*、+、?、{n}、{n,}、{n,m}）之后时，匹配模式是“非贪心的”。“非贪心的”模式匹配搜索到的、尽可能短的字符串，而默认的“贪心的”模式匹配搜索到的、尽可能长的字符串。例如，在字符串“oooo”中，“o+?”只匹配单个“o”，而“o+”匹配所有“o”
( )	将位于( )内的内容作为一个整体来对待
{m,n}	{ }前的字符或子模式重复至少 m 次，最多 n 次
[ ]	表示范围，匹配位于[ ]中的任意一个字符

（1）点字符“.”

点字符“.”可匹配包括字母、数字、下划线、空白符（除换行符\n）等任意的单个字符。使用方法如下：

① A.s：匹配以字母 A 开头，以字母 m 结尾，中间为任意一个字符的字符串，匹配结果可以是 Abs、Aos、A3s、A@s 等。

② ..：匹配任意两个字符，可以匹配 43、ff、tt、sa 等。也可以理解为有 *n* 个点字符就可以匹配长度为 *n* 的字符串。

③ .n：匹配任意字母开头，以 n 结尾的字符串，如 in、an、en、on、@n、4n 等。

④ 插入字符“^”和美元符“$”。插入字符“^”匹配行首；美元符“$”匹配行尾。使用方法如下：

^ab：只能匹配行首出现的 ab，如 abc、abs、abstract、abandon 等。

ab$：只能匹配行尾出现的 ab，如 grab、lab 等。

^ab$：匹配只有 ab 两个字符的行。

ab：匹配在行中任意位置出现的 ab。

^$：插入字符和美元符连在一起表示匹配空行。

（2）连接符“|”

连接符“|”可将多个不同的子表达式进行逻辑连接，可简单地将“|”理解为逻辑运算符中的“或”运算符，匹配结果为与任意一个子表达式模式相同的字符串。使用方法如下：

① a|e|i|o|u：匹配字符 a、e、i、o、u 中的任意一个。

② 黑|白：匹配黑或白。

（3）字符组“[]”

正则表达式中使用一对中括号“[]”标记字符组。字符组的功能是匹配其中的任意一个字符。中括号在正则表达式中也有“或”的功能。但是中括号只能匹配单个字符。而连接符

“|”既可以匹配单个字符，也可以匹配字符串。使用方法如下：

① bu[vs]：匹配以 bu 开头，以字符 v 或 s 结尾的字符串。匹配结果是 buv 或者 bus。

② [C|c]hina：匹配以字符 C 或者字符 c 开头，以 hina 结尾的字符串。匹配结果是 China 或者 china。

③ [!?^&]：匹配中括号中四个符号中的任意一个。

在字符组“[]”外的字符按从左到右的顺序进行匹配，而中括号内的字符为统计匹配，无先后顺序。匹配结果至多只选择中括号内的一个字符。如 bu[vs]，在中括号外，先匹配 b，再匹配 u；在中括号内，v 和 s 是同级的。

（4）连字符“–”

连字符“–”一般在字符组“[]”中使用，表示一个范围、一个区间。使用方法如下：

① [0–9]：表示匹配 0、1、2、3、4、5、6、7、8、9 之间的任意一个数字字符。

② [a–z]：表示匹配任意一个小写英文字母。

（5）匹配符“？”

匹配符“？”表示匹配其前面的元素 0 次或 1 次。使用方法如下：

① ad?：匹配 a 或 ad。

② se?d：匹配 sd 或 sed。

③ 张明?：匹配张或张明。

（6）量词

正则表达式中使用“*”、“+”和“{}”符号来限定其前导元素的重复次数，即量词。使用方法如下：

① ht*p：匹配字符“t”零次或多次，匹配结果可以是 hp、htp、http、htttp 等。

② ht+p：匹配字符“t”一次或多次，匹配结果可以是 htp、http、htttp，但不可能是 hp。

③ ht{2}p：匹配字符“t”2 次，匹配结果为 http。

④ ht{2,4}p：匹配字符“t”2~4 次，匹配结果可以是 http、htttp 和 httttp。

（7）分组

正则表达式中使用“()”可以对一组字符串中的某些字符进行分组。使用方法如下：

① Mon(day)? ：可以匹配分组“day”0 次或 1 次，匹配结果是 Mon 或者 Monday。

② (Moon)? light：可以匹配分组“Moon”0 次或 1 次，匹配结果是 light 或者 Moonlight。

4．预定义字符集

正则表达式中预定义了一些字符集。使用字符集能以简洁的方式表示一些由元字符和普通字符表示的匹配规则。常见的预定义字符集见表 12–2。

表 12-2 预定义字符集

元字符	功 能 说 明
\f	匹配换页符
\n	匹配换行符
\r	匹配一个回车符

续上表

元字符	功 能 说 明
\b	匹配单词头或单词尾
\B	与\b 含义相反，匹配不出现在单词头部或尾部的字符
\d	匹配数字，相当于[0-9]
\D	与\d 含义相反，等同于[^0-9]
\s	匹配任何空白字符，包括空格、制表符、换页符，与 [\f\n\r\t\v] 等效
\S	与\s 含义相反
\w	匹配任何字母、数字以及下划线，相当于[a-zA-Z0-9_]
\W	与\w 含义相反，匹配特殊字符
\A	仅匹配字符串的开头，相当于^
\Z	仅匹配字符串的结尾，相当于$

5. 正则表达式模块 re 模块

re 模块的方法：

① re.compile(pattern[,flag])：对正则表达式 pattern 进行编译，创建正则对象。

② re.match(patter,string[,flag])：从字符串 string 开头开始匹配，若匹配成功，则返回匹配对象，否则返回 None。

③ re.search(pattern,string[,flag])：在字符串中查找，若匹配成功，则返回匹配对象，否则返回 None。

④ re.findall(pattern,string[,flag])：在字符串 string 中查找正则表达式模式 pattern 的所有（非重复）出现；返回一个匹配对象的列表。

⑤ re.split(pattern,string, max=0)：根据正则表达式 pattern 中的分隔符把字符 string 分割为一个列表，返回成功匹配的列表，最多分割 max 次（默认是分割所有匹配的地方）。

⑥ re.sub(pattern, repl, string, max=0)：把字符串 string 中所有匹配正则表达式 pattern 的地方替换成字符串 repl。如果 max 的值没有给出，则对所有匹配的地方进行替换。

flags 参数的常见取值如下：

① re.I：忽略大小写。

② re.X：忽略空格。

③ re.S：用'. '匹配的任意字符包括换行符。

④ re.M：多行模式。

⑤ re.L：使用本地系统语言字符集中的\w、\W、\b、\B、\s、\S。

⑥ re.U：使用 Unicode 字符集中的\w、\W、\b、\B、\s、\S。

四、实验内容和要求

提示：【实例 12-1】至【实例 12-6】请在编程环境中进行练习。

【实例 12-1】匹配 1~100 之间的数字。

【分析】本例主要考查构造匹配数字内容的正则表达式。这里的数字内容为 1~100，涉及两位以内的数字和 100，所以使用表达式 100|[1-9]\d{0,1})$。

参考程序如下：

```
import re
s = input("请输入一个字符串: ")
rex = re.match(r'(100|[1-9]\d{0,1})$',s)
print(rex.group())
```

输入 123 后的运行结果如下：

```
请输入一个字符串: 123
Traceback (most recent call last):
  File "E:/Program Files/Python310/12-1.py", line 4, in <module>
    print(rex.group())
AttributeError: 'NoneType' object has no attribute 'group'
```

因为匹配失败，所以程序报错。输入 99 后的运行结果如下：

```
请输入一个字符串: 99
99
```

【实例 12-2】对输入的 QQ 号进行匹配（QQ 号匹配规则：长度为 5~10 位，纯数字组成，且不能以 0 开头）。

【分析】该例主要考查构造匹配 QQ 号码的数字内容的正则表达式。这里的数字内容为 5~10 位纯数字，所以使用表达式[1-9]\d{4,9}$。

参考程序如下：

```
def score(tup):
import re
s = input("请输入一串数字: ")
rex = re.match(r'[1-9]\d{4,9}$' , s)
if rex != None:
   print(rex.group())
else:
```

运行结果如下：

```
请输入一串数字: 123456
123456
```

【实例 12-3】查找字符串中有多少个 ab。

【分析】本例主要考查在一个字符串中匹配所有子串的操作，即使用 re.findall()函数。使用该函数获得一个匹配到的所有子串的列表，输出列表中元素的个数，就是这个字符串中包含的子串个数。

参考程序如下：

```
import re
s = input("请输入一串字符: ")
rex = re.findall(r'(ab)', s)        #获得所有匹配的子串，rex 是一个列表
print(len(rex))                     #列表元素的个数即子串的个数
```

运行结果如下：

```
请输入一串字符: absolute abord administrator
2
```

【实例 12-4】用正则“\\”切割字符串。

【分析】本例主要考查正则表达式对象的 split()方法。

参考程序如下：

```
import re
```

```
s = s = input("请输入一串字符: ")
res = re.compile(r'\\')
ret = res.split(s)
print(ret)
```

运行结果如下：

```
请输入一串字符: file:\\text\\hello\\well
['file:', '', 'text', '', 'hello', '', 'well']
```

【实例 12-5】将连续五个以上数字替换成#。

【分析】本例首先要在字符串中匹配五个以上数字内容的子串，然后将子串内容替换为一个 # 。

参考程序如下：

```
import re
s = "wsfdgsd3425284505juo123wa89320571f"   #或输入任意字符串
res = re.compile(r'\d{5,}')
ret = res.sub('#' , s)
print(ret)
```

运行结果如下：

```
wsfdgsd#juo123wa#f
```

【实例 12-6】输入 E-mail 地址的测试字符串，忽略大小写，输出判断是否符合设定规则。规则：E-mail 地址由三部分构成：英文字母或数字（1～10 个字符）、“@”、英文字母或数字（1～10 个字符）、“.”，最后以 com 或 org 结束。

【分析】根据规则要求，首先构建满足地址要求的正则表达式为：'^[a-zA-Z0-9]{1,10}@[a-zA-Z0-9]{1,10}.(com|org)$'。接着编写程序，从键盘获取实际 E-mail 地址，进行匹配判断。最后输出判断结果。

参考程序如下：

```
import re
p=re.compile('^[a-zA-Z0-9]{1,10}@[a-zA-Z0-9]{1,10}.(com|org)$',re.I)
while True:
    s=input("请输入测试的 E-mail 地址（输入 '0' 退出程序）:\n")
    if s=='0':
        break
    else:
        m=p.match(s)
        if m:
            print("{}符合规则".format(s))
        else:
            print("{}不符合规则".format(s))
```

运行结果如下：

```
请输入测试的 E-mail 地址（输入 '0' 退出程序）:
12345@QQ.com
12345@QQ.com 符合规则
请输入测试的 E-mail 地址（输入 '0' 退出程序）:
4567%%QQ.com
4567%%QQ.com 不符合规则
```

【实例 12-7】正则表达式的综合练习程序。

下面一段内容，是某一日志记录。按照要求，寻找匹配内容。

'''

12345 2019-05-20 13:30:04,102 E:/PythonProject/accountReport-20190520/createReport_20190520.py(164):[INFO]start=24h-ago&m=sum:zscore.keys{compared=week,redis=6380,endpoint=192.168.811_Redis-b}2019-05-20 13:30:04,133 E:/PythonProject/accountReport-20190520/createReport_20190520.py(164): [INFO]start=24h-ago&m=sum:keys{redis=6380,endpoint=192.168.8.120_Redis-sac-a}

'''

1．匹配时间信息内容

【分析】构造时间格式的正则表达式[0-9]{1,2}\:[0-9]{1,2}\:[0-9]{1,2}。

参考程序如下：

```
import re
data='''12345 2019-05-20 13:30:04,102 E:/PythonProject/accountReport-20190520/createReport_20190520.py(164): [INFO]start=24h-ago&m=sum:zscore.keys{compared=week,redis=6380,endpoint=192.168.8.11_Redis-b}2019-05-20   13:30:04,133 E:/PythonProject/accountReport-20190520/createReport_20190520.py(164):[INFO]start=24h-ago&m=sum:keys{redis=6380,endpoint=192.168.8.120_Redis-sac-a}
'''
# 匹配日期信息内容
# 方法一：非编译正则表达式的使用
pattern=r"[0-9]{1,2}\:[0-9]{1,2}\:[0-9]{1,2}"      #匹配时间格式
r=re.findall(pattern,data,flags=re.IGNORECASE)
print(r)
# 方法二：使用编译函数 re.compile()的正则表达式的使用
pattern = r"[0-9]{1,2}\:[0-9]{1,2}\:[0-9]{1,2}"    #匹配时间格式
re_obj=re.compile(pattern)                          #创建一个对象
r=re_obj.findall(data)  # findall 方法，返回字符串
print(r)
```

两种方法的运行结果相同，如下：

```
['13:30:04', '13:30:04']
```

2．匹配数字信息内容

（1）使用 re.match()函数进行匹配

参考程序如下：

```
import re
(data 内容在此省略)
pattern = "\d+"              #匹配数字
r=re.match(pattern,data)     #match()函数是匹配字符串的开头，类似 startwith
#使用 match()匹配成功后，
#返回 SRE_MATCH 类型的对象，该对象包含了相关模式和原始字符串，包括起始位置和结束位置
if r:
    print(r)
    print(r.start())
    print(r.end())
    print(r.group())
else:
    print("False")
```

运行结果如下：

```
<re.Match object; span=(0,5), match='12345'>
```

```
0
5
12345
```

（2）使用 re.search()函数进行匹配

```
import re
(data 内容在此省略)
pattern = "[0-9]{1,2}\:[0-9]{1,2}\:[0-9]{1,2}"  # 匹配时间格式
r=re.search(pattern,data)   # search 方法是全部位置的匹配，返回 SRE_MATCH 对象
print(r)
print(r.start())        #起始位置
print(r.end())          #结束位置
```

运行结果如下：

```
<re.Match object; span=(17,25), match='13:30:04'>
17
25
```

在上面的代码中使用了 re.search()函数进行匹配，匹配结果不是从头开始，且也只匹配一次。请将代码改为使用 re.findall()函数进行匹配，观察匹配结果。

3．贪婪匹配和非贪婪匹配实例

贪婪匹配：总是匹配最长的字符串（默认）。

非贪婪匹配：总是匹配最短的字符串（在匹配字符串时加上？来实现）。

参考程序如下：

```
import re
(data 内容在此省略)
reg_a=re.findall("Python.*",data)          #贪婪匹配
print("贪婪匹配结果：\n",reg_a)
print()
reg_b = re.findall("Python.*?", data)      #非贪婪匹配
print("非贪婪匹配结果：\n",reg_b)
```

运行结果如下：

```
贪婪匹配结果：
 ['PythonProject/accountReport-20190520/createReport_20190520.py(164):',
'PythonProject/accountReport-20190520/createReport_20190520.py(164):']

非贪婪匹配结果：
 ['Python', 'Python']
```

五、实验作业

【作业 12-1】将多个重复字母替换成&。

【作业 12-2】获取长度为三个字母的单词。

【作业 12-3】取出字符串中的所有字母。

【作业 12-4】给定一个字符串 s 如下：

```
s = "<p>this email address is python@126.com"
```

将其中的电子邮件地址替换为：zhengzhou@163.net。

实验 13

错误和异常处理 «‹

一、实验目的

- 掌握使用 try…except 语句捕捉异常的方法。
- 掌握使用 raise 和 assert 抛出异常的方法。

二、实验学时

1 学时。

三、实验预备知识

运行 Python 程序时，难免会遇到这样或那样的错误，这时程序将无法继续运行，为此，Python 专门提供了 try…except 语句，对可能出现的错误进行处理，使得有些错误可以在程序中及时得到修复。对于不能及时修复的错误，也可以提供错误信息，帮助程序员尽快解决问题。

1. 错误的三种类型

（1）语法错误

书写程序时，如果没有遵循 Python 语言的解释器和编译器所要求的语法规则，会导致程序编译时报错。发生这种错误将提示 SyntaxError 异常，这类错误比较容易识别，也必须改正，否则程序无法运行。

（2）运行错误

运行错误是指程序在执行过程中产生错误。这一类错误在运行时才报错，相比第一种错误不易识别。

（3）逻辑错误

逻辑错误则是程序可以执行，但执行结果不正确，这时 Python 解释器不会报错，需要程序员根据结果发现逻辑错误。

2. 异常处理

异常是指程序在执行过程中，因为错误而导致程序无法继续运行。默认情况下，发生异常时，Python 会终止程序，并在控制台打印出异常出现的信息。但程序执行时会遇到各种问题，并不是所有错误都需要终止程序。Python 提供了 try…except 语句进行异常处理，其作用是在程序代码产生异常之处进行捕捉，并使用另一段程序代码进行处理，以避免因异常而导致的程序终止。通常将可能发生异常的代码放在 try 子句中，发生异常后通过 except 子句捕获异常并对它做一些处理。

（1）Python 中的标准异常类

Python 中的标准异常类见表 13-1。

表 13-1 Python 的标准异常类

名　称	说　明
BaseException	所有异常的基类
SystemExit	解释器请求退出
KeyboardInterrupt	用户中断执行（通常是输入^C）
Exception	常规错误的基类
StopIteration	迭代器没有更多的值
GeneratorExit	生成器（Generator）通过发生异常来通知退出
ArithmeticError	所有数值计算错误的基类
FloatingPointError	浮点计算错误
OverflowError	数值运算超出最大限制
ZeroDivisionError	除（或取模）零（所有数据类型）
AssertionError	断言语句失败
AttributeError	对象没有这个属性
EOFError	没有内建输入，到达 EOF 标记
EnvironmentError	操作系统错误的基类
IOError	输入/输出操作失败
OSError	操作系统错误
WindowsError	系统调用失败
ImportError	导入模块/对象失败
LookupError	无效数据查询的基类
IndexError	序列中没有此索引（Index）
KeyError	映射中没有这个键
MemoryError	内存溢出错误（对于 Python 解释器不是致命的）
NameError	未声明/初始化对象（没有属性）
UnboundLocalError	访问未初始化的本地变量
ReferenceError	弱引用（Weakreference）试图访问已经被作为垃圾回收的对象
RuntimeError	一般的运行时错误
NotImplementedError	尚未实现的方法
SyntaxError	Python 语法错误
IndentationError	缩进错误
TabError	【Tab】键和空格键混用
SystemError	一般的解释器系统错误
ValueError	传入无效的参数
TypeError	对类型无效的操作
UnicodeError	Unicode 相关的错误
UnicodeDecodeError	Unicode 解码时的错误
UnicodeEncodeError	Unicode 编码时错误
UnicodeTranslateError	Unicode 转换时错误

（2）try...except 语句

若想使程序发生异常时不停止运行，只需在 try...except 语句中捕捉并处理它。try...except 语句首先检测 try 子句中的代码，若出现异常就会在 except 子句中捕捉异常信息并处理它。

其语法格式如下：

```
try:
    可能发生异常的程序代码
except [异常类型]:
    如果出现异常执行的代码
[except [异常类型]:
    如果出现异常执行的代码]
[else:
    没有异常出现时的代码]
[finally:
    无论是否异常都要执行的代码]
```

try...except 语句中的 except 子句至少有一个，也可以有多个，分别来处理不同的异常，但最多只有一个被执行；else 子句最多只能有一个，finally 子句最多只能有一个。

其执行流程为：

① 首先执行 try 子句，即 try 和 except 之间的程序代码。

② 如果没有异常发生，忽略 except 子句，执行 else 子句（如果有 else 子句）。

③ 如果执行 try 子句的过程中发生了异常，try 子句余下部分将被忽略，执行 except 子句，这时有两种情况：

- 如果发生的异常类型与 except 后指定的异常类型一致，则执行 except 子句。
- 如果发生的异常类型与 except 后指定的异常类型不一致，异常将被提交到上一级代码处理。如果没有得到处理，会使用默认的异常处理方式——终止程序，并显示出错信息。

④ 不论是否发生异常，finally 子句一定会被执行（如果有 finally 子句）。

例如：

```
x=int(input("input x:"))
try:
    100/x
except ZeroDivisionError:
    print("0 除错误")
else:
    print("正常")
finally:
    print("执行完成")
```

可以看出，使用 try...except 语句能帮助程序检测错误，处理它，然后继续运行。

3. try...except 语句的嵌套

Python 允许在 try...except 语句的内部嵌套另一个 try...except 语句。这样发生异常时，内层没有捕捉的异常可以被外层捕捉处理。

4. 使用 as 获取异常信息提示

try...except 可以在 except 语句中使用元组同时指定多种异常类型，以便使用相同的异常处理代码进行统一处理。但除非确定要捕获的多个异常可以使用同一段代码来处理，一般并

不建议这样做，因为得到的反馈错误信息不够清晰完整，不利于程序员了解程序运行情况。这时可以使用 as 获取系统反馈的异常信息。

as 语法格式如下：

```
try:
    可能发生异常的程序代码
except 异常类名 as 别名:
    出现异常执行的代码
[else:
    未出现异常执行的代码]
[finally:
    无论是否异常都要执行的代码]
```

例如：

```
try:
    x=int(input("输入第一个数据: "))
    y=int(input("输入第二个数据: "))
    z=x/y
except Exception as err:
    print("错误提示",err)
else:
    print("没有错误")
```

5. 使用 raise 语句抛出异常

除了程序中的错误可以引发异常，Python 还可以使用 raise 语句主动抛出异常，让程序进入异常状态。

其语法格式如下：

```
raise [ExceptionName[(reasons)]]
```

[ ]括起来的就是要抛出的异常，其作用是指定抛出的异常名称以及异常信息的描述。这个要被抛出的异常，必须是一个异常的实例或者是异常的类，也就是 Exception 的子类。

例如：

```
x=-1
if x<0:
    raise Exception("x 不能小于 0")
```

6. assert 语句断言处理

除了 raise 语句可以抛出异常，Python 还允许在代码中使用 assert 语句主动引发异常。assert 语句用于判断一个表达式的真假。如果表达式为 True，不进行任何操作，否则会引发 AssertionError 异常。对于那些可恢复的错误，如用户输入了无效数据或文件未找到等，就抛出异常，使用 try...except 语句处理它。但 assert 语句不应该用 try...except 语句处理。如果 assert 失败，程序就应该终止执行，这样做是为了减少寻找导致该错误的代码的代码量。

assert 语句的语法格式如下：

```
assert 条件[,参数]
```

它包含四个部分：assert 关键字、条件、逗号和参数。

其中条件是 assert 语句的判断对象，是值为 True 或 False 的表达式；参数通常是一个字符串，是自定义异常参数，用于显示异常的描述信息。例如：

```
s='C'
assert s=='a','s need to be a'
```

四、实验内容和要求

【实例 13-1】 编写程序，根据用户多次指定的字符和高度、宽度，输出多个长方形。高度和宽度都需要大于 2，如果条件不满足需给出提示信息。

提示：

① 利用函数完成打印长方形的功能，以实现多次输出长方形。

② 用户输入的组成长方形的字符，长度、宽度都可能不满足条件，用 raise 抛出异常，用 try...except 捕捉它们。

③ 通常是调用该函数的代码知道如何处理异常，而不是该函数本身。所以把 raise 语句放在一个函数中，try 和 except 语句在调用该函数的代码中。

参考程序如下：

```
def box(ch,width,height):
    if len(ch)!=1:
        raise Exception("需要输入一个字符. ")
    if width<=2:
        raise Exception("宽度需要大于 2. ")
    if height<=2:
        raise Exception("高度需要大于 2. ")
    print(ch*width)                 #打印矩形上边的边
    for i in range(height-2):  #打印左右两边的边
        print(ch+(' '*(width-2))+ch)
    print(ch*width)                 #打印下边的边
for sym,w,h in(('@',6,6),('#',20,5),('x',1,13)):  #三次调用函数box，打印图形
    try:
        box(sym,w,h)
    except Exception as err:
        print("An exception happened:  "+str(err))
```

三次调用打印图形的函数，当用不同的参数调用 box()函数时，try…except 语句就会处理无效的参数。这个程序使用了 except 语句的 except Exception as err 形式。如果 box()函数返回一个 Exception 对象，这条语句就会将它保存在名为 err 的变量中。Exception 对象可以传递给 str()函数，将它转换为一个字符串，得到用户的出错信息。程序运行结果如图 13-1 所示，前两次正常调用，第三次调用时参数宽度不大于 2，引发异常。

程序运行结果如图 13-1 所示。

【实例 13-2】 互联网上的每台计算机都有一个唯一的 IP 地址，合法的 IP 地址是由'.'分隔开的四个数字组成，每个数字的取值范围是 0~255。现在用户输入一个 IP 地址（不含空白符，不含前导 0，如 001 直接输入 1），请判断其是不是合法 IP，若是，输出“合法”，否则输出“不合法”。例如，用户输入为 202.196.6.10，则输出“合法”；当用户输入 202.196.6，则输出“不合法”。

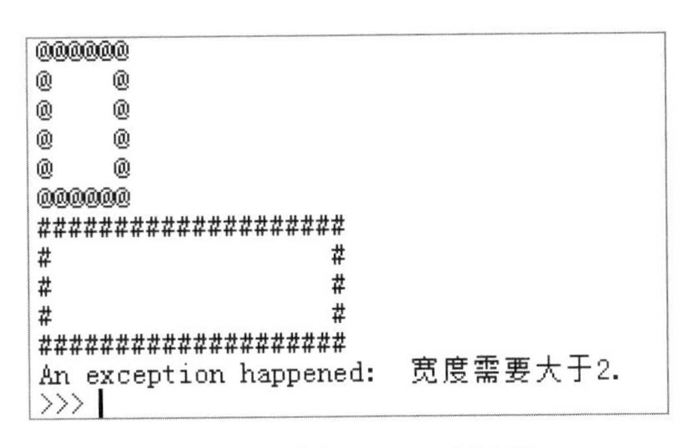

图 13-1　实例 13-1 运行结果

提示：

① 利用函数判断 IP 地址是否合法。

② IP 地址的每个字节需要在 0 和 255 之间，若发生异常用 try...except 捕捉它。

参考程序代码如下：

```
def f(s):
    list1=s.split('.')
    if len(list1) != 4:
        return "不合法"
    for i in range(4):
        try:
            t=int(list1[i])
            if t not in range(0, 256):
                return "不合法"
        except:
            return "不合法"
    return "合法"
ip=input("请输入 IP 地址: ")
print(f(ip))
```

分别输入 202.196.6.10 和 202.13，运行结果如图 13-2 所示。

（a）运行结果 1　　（b）运行结果 2

图 13-2　实例 13-2 运行结果

【实例 13-3】编写一个输入年龄的程序，当年龄不是数字时，捕获这个错误，并输出“您输入的不是数字，请再次输入！”。

提示：

① 利用 while 循环，条件为 True，实现多次输入年龄并捕获异常。

② 输入的年龄是数字就用 break 语句终止循环。

参考程序代码如下：

```
while True:
    try:
```

```
        x=int(input("请输入一个年龄: "))
        break
    except ValueError:
        print("您输入的不是数字，请再次输入! ")
```

第一次执行程序输入 78，第二次执行程序输入 yu、uu、34，结果如图 13-3 所示。

```
请输入一个年龄: 78
>>> |
```

（a）运行结果 1

```
请输入一个年龄: yu
您输入的不是数字，请再次输入!
请输入一个年龄: uu
您输入的不是数字，请再次输入!
请输入一个年龄: 34
>>> |
```

（b）运行结果 2

图 13-3　实例 13-3 运行结果

五、实验作业

【作业 13-1】编写程序，输入一个三位以上的整数，使用整除运算输出其百位以上的数字。例如，用户输入 4569，则程序输出 45。

【作业 13-2】编写程序，输入一个年龄，当年龄不是数字时，输出“输入的不是数字，请再次输入”。

【作业 13-3】编写程序，将用户输入的华氏温度转换为摄氏温度，或将输入的摄氏温度转换为华氏温度（保留小数点后两位小数）。输入采用大写字母 C、F 或小写字母 c、f 结尾（C、c 表示摄氏度、F、f 表示华氏度）。

转换算法为：C=(F−32)/1.8

F=C*1.8+32

实验 14

文　　件 «‹

一、实验目的

- 掌握文件的概念，掌握文本文件的访问方法。
- 熟悉 os 模块，掌握对文件和文件夹的常用操作方法。
- 熟悉 jieba 模块，掌握对文本的分词操作。
- 熟悉 CSV 文件，掌握对 CSV 文件的访问方法。

二、实验学时

3 学时。

三、实验预备知识

1. 文件的基本概念

文件是指存储在外部介质上的数据的集合。操作系统是以文件为单位对数据进行管理的。如果想访问存放在外部介质上的数据，必须先按文件名找到所指定的文件，再从该文件中读取数据。

根据不同的标准，文件可分为不同的类型。例如，根据数据的编码方式，文件可以分为文本文件和二进制文件。

2. 文本文件的操作方法

将数据写入顺序文件，通常有三个步骤：打开、写入和关闭。从顺序文件读数据到内存具有相似的步骤：打开、读出和关闭，只是打开文件函数 open()中模式不同。

open()函数语法格式如下：

```
open(file, mode='r', buffering=-1, encoding=None, errors=None,
    newline=None, closefd=True, opener=None)
```

① 文件名指定了被打开的文件名称。

② 打开模式指定了打开文件后的处理方式。

③ 缓冲区指定了读/写文件的缓存模式。0 表示不缓存，1 表示缓存，如大于 1 则表示缓冲区的大小。默认值是缓存模式。

④ 参数 encoding 指定对文本进行编码和解码的方式，只适用于文本模式，可以使用 Python 支持的任何格式，如 GBK、UTF-8、CP936 等。

⑤ open()函数返回一个文件对象，该对象可以对文件进行各种操作。

如果执行正常，open()函数返回一个可迭代的文件对象，通过该文件对象可以对文件进行读/写操作。如果由于指定文件不存在、访问权限不够、磁盘空间不够或其他原因导致创建文件对象失败则抛出异常。下面的代码分别以读、写方式打开两个文件并创建了与之对应的文件对象。

```
f1=open('file1.txt', 'r')
f2=open('file2.txt', 'w')
```

当对文件内容操作完以后，一定要关闭文件对象，这样才能保证所做的任何修改确实都被保存到文件中。

```
f1.close()
```

需要注意的是，即使写了关闭文件的代码，也无法保证文件一定能够正常关闭。例如，如果在打开文件之后和关闭文件之前发生了错误导致程序崩溃，这时文件就无法正常关闭。在管理文件对象时推荐使用 with 关键字，可以有效地避免这个问题。

用于文件内容读/写时，with 语句的用法如下：

```
with open(filename, mode, encoding) as fp:
    #这里写通过文件对象 fp 读/写文件内容的语句
```

另外，上下文管理语句 with 还支持下面的用法，进一步简化了代码的编写。

```
with open('test.txt', 'r') as sf, open('test_new.txt', 'w') as df:
    df.write(sf.read())
```

文件打开方式见表 14-1。

表 14-1　文件打开方式

模　式	说　　明
r	读模式（默认模式，可省略），如果文件不存在则抛出异常
w	写模式，如果文件已存在，先清空原有内容
x	写模式，创建新文件，如果文件已存在则抛出异常
a	追加模式，不覆盖文件中原有内容
b	二进制模式（可与其他模式组合使用）
t	文本模式（默认模式，可省略）
+	读、写模式（可与其他模式组合使用）

文件对象常用属性见表 14-2。

表 14-2　文件对象常用属性

属　性	说　　明
buffer	返回当前文件的缓冲区对象
closed	判断文件是否关闭，若文件已关闭则返回 True
fileno	文件号，一般不需要太关心这个数字
mode	返回文件的打开模式
name	返回文件的名称

3. 二进制文件的读取和写入

二进制文件的处理流程和文本文件流程一致。首先还是要创建文件对象，不过我们需要指定二进制模式，从而创建出二进制文件对象。例如：

```
f=open(r"d:\a.txt", 'wb')        #可写的、重写模式的二进制文件对象
```

```
f=open(r"d:\a.txt", 'ab')        #可写的、追加模式的二进制文件对象
f=open(r"d:\a.txt", 'rb')        #可读的二进制文件对象
```

创建好二进制文件对象后，仍然可以使用 write()、read()函数实现文件的读/写操作。

4．CSV 文件的操作

CSV（Comma Separated Values）是逗号分隔符文本格式，常用于数据交换、Excel 文件和数据库数据的导入和导出。与 Excel 文件不同，在 CSV 文件中：

① 值没有类型，所有值都是字符串不能指定字体颜色等样式不能指定单元格的宽高，不能合并单元格，没有多个工作表。

② 不能嵌入图像图表。

Python 标准库的模块 csv 提供了读取和写入 CSV 格式文件的对象。

CSV 文件读取：csv.reader()。

CSV 文件写入：csv.writer()。

5．os 和 os.path 模块

使用 os 和 os.path 模块可以实现对文件和目录进行操作。

os 模块下常用操作文件的方法见表 14-3。

表 14-3　os 模块下常用操作文件的方法

方 法 名	描　　述
remove(path)	删除指定的文件
rename(src,dest)	重命名文件或目录
stat(path)	返回文件的所有属性
listdir(path)	返回 path 目录下的文件和目录列表

os 模块下关于目录操作的相关方法见表 14-4。

表 14-4　os 模块下关于目录操作的相关方法

方 法 名	描　　述
mkdir(path)	创建目录
makedirs(path1/path2/path3/...)	创建多级目录
rmdir(path)	删除目录
removedirs(path1/path2...)	删除多级目录
getcwd( )	返回当前工作目录：current work dir
chdir(path)	把 path 设为当前工作目录
walk( )	遍历目录树
sep	当前操作系统所使用的路径分隔符

os.path 模块提供了目录相关的操作（路径判断、路径切分、路径连接、文件夹遍历），见表 14-5。

表 14-5 os.path 模块对目录相关的操作

方 法	描 述
isabs(path)	判断 path 是否绝对路径
isdir(path)	判断 path 是否为目录
isfile(path)	判断 path 是否为文件
exists(path)	判断指定路径的文件是否存在
getsize(filename)	返回文件的大小
abspath(path)	返回绝对路径
dirname(p)	返回目录的路径
getatime(filename)	返回文件的最后访问时间
getmtime(filename)	返回文件的最后修改时间
walk(top,func,arg)	递归方式遍历目录
join(path,*paths)	连接多个 path
split(path)	对路径进行分割，以列表形式返回
splitext(path)	从路径中分割文件的扩展名

四、实验内容和要求

【实例 14-1】计算文本文件中最长行的长度。

参考程序如下：

方法一：

```
f=open('d:\\test.txt','r')
allLineLens=[len(line.strip()) for line in f]    #所有行的长度列表
f.close()
longest=max(allLineLens)
print(longest)
```

方法二：

```
f=open('d:\\test.txt','r')
longest=max(len(line.strip()) for line in f)
f.close()
print(longest)
```

【实例 14-2】统计一个文本文件中的中文、英文、数字字符的个数。

使用“记事本”软件编辑文本文件 t1.txt 的内容为“abcdefgHABC123456 中华民族”。

参考程序如下：

```
#re 模块，实现正则匹配
import re
str_test=""
with open('d:\\python\\t1.txt', 'r',encoding='utf-8') as fp:    #打开文件
    data=fp.readlines()                          #读取文件所有行数据
for char in data:
    str_test=str_test.join(char)          #把文本文件内容转变成字符串
#把正则表达式编译成对象，如果经常使用该对象，此种方式可提高一定效率
num_regex=re.compile(r'[0-9]')
zimu_regex=re.compile(r'[a-zA-z]')
```

```
hanzi_regex=re.compile(r'[\u4E00-\u9FA5]')
print("输入字符串: ",str_test)
#findall 获取字符串中所有匹配的字符
num_list=num_regex.findall(str_test)
print("包含的数字: ",num_list)
zimu_list=zimu_regex.findall(str_test)
print("包含的字母:",len(zimu_list))
hanzi_list=hanzi_regex.findall(str_test)
print("包含的汉字:",len(hanzi_list))
```

运行结果如图 14-1 所示。

图 14-1 实例 14-2 运行结果

【**实例 14-3**】读取文本文件 data1.txt（文件中每行存放一个整数）中所有整数，将其按升序排序后再写入文本文件 data_asc.txt 中。

参考程序如下：

```
with open('d:\\python\\data1.txt', 'r') as fp1:         #打开文件
    data=fp1.readlines()                                 #读取所有行
data=[int(line.strip()) for line in data]
data.sort()                                              #列表中数据排序
data=[str(i)+'\n' for i in data]
with open('d:\\python\\data_asc.txt', 'w') as fp2:      #写文件
    fp2.writelines(data)
```

【**实例 14-4**】data2.txt 中存储了一系列六位整数数据，请判断这些整型数据中间的两位数字是否为 5 的倍数（如 638002 中的 80 为 5 的倍数），将这些符合条件的数写入文件 pd.txt 中。要求：

① 请编写判断一个六位整数中间的两位数字是否为 5 的倍数的函数 isPd()，在主程序中调用该函数。

② data2.txt 中的数据可能有重复，写入 pd.txt 的数据不能有重复。

参考程序如下：

```
def isPd(str1):
    str2=str1[2:4]
    if int(str2)%5==0:
        return True
    else:
        return False

f1= open("data2.txt","r")
f2 = open("pd.txt","w")
data = set(f1.read().split())
for ch in data:
    if isPd(ch):
        f2.write(ch)
        f2.write("\n")
f1.close()
f2.close()
```

【实例 14-5】编写程序，读/写 CSV 文件。

参考程序如下：

```
import csv
headers=["工号","姓名","年龄","地址","月薪"]
rows=[("1001","赵淇",18,"东风路 4 号院","5000"),("1002","肖薇",19,"花园路 5 号院
","3500")]
with open(r"d:\python\b.csv","w") as b:
    b_csv=csv.writer(b)          #创建 csv 对象
    b_csv.writerow(headers)      #写入一行（标题）
    b_csv.writerows(rows)        #写入多行（数据）

with open(r"d:\python\b.csv") as a:
    a_csv=csv.reader(a)    #创建 csv 对象，它是一个包含所有数据的列表，每一行为一个元素
    headers=next(a_csv)    #获得列表对象，包含标题行的信息
    print(headers)
    for row in a_csv:      #循环打印各行内容
        print(row)
```

【实例 14-6】列出指定目录下所有的.py 文件，并输出文件名。

参考程序如下：

```
#coding=utf-8
#列出指定目录下的所有.py 文件，并输出文件名
import os
import os.path
path=os.getcwd()                #得到当前目录
file_list=os.listdir(path)      #列出子目录和子文件
for filename in file_list:
    pos=filename.rfind(".")     #获得文件名中分隔符的位置
    if filename[pos+1:]=="py":
        print(filename,end="\n")
print("##################")
#用另一种方式输出扩展名为“.py”的文件
file_list2=[filename for filename in os.listdir(path)if filename.endswith
(".py")]      #列表推导式得到文件列表
for filename in file_list2:
    print(filename,end="\t")
```

五、实验作业

【作业 14-1】编写程序：包含一个函数，参数为文件名，要求选取任意.py 文件 xxx.py，运行后生成文件 new_xxx.py，其中的内容与 xxx.py 一致，但是在每行的行尾加上了行号。包含一个测试程序，调用该函数进行测试，要求该测试程序仅在模块内部使用，其他程序通过 import 导入时并不执行测试程序。

【作业 14-2】使用模块 random 中的 randint()方法生成 1～122 之间的随机数，以产生字符对应的 ASCII 码，然后将满足大写字母、小写字母、数字和一些特殊符号（'\n','\r','*','&','^','$'）条件的字符逐一写入文本 test_w.txt 中，当光标位置达到 1001 时停止写入，并逐行读取所有字符。

【作业 14-3】编写一个程序，生成一个 10×10 的随机矩阵并保存为文件（空格分隔列向

量、换行分隔行向量），再写程序将刚才保存的矩阵文件另存为 CSV 格式，用 Excel 或文本编辑器打开看看结果是否正确。

【作业 14-4】（选做）编写程序，使用 Python 并结合 jieba 的分词功能统计《红楼梦》中的人物出场频次，并结合第三方库 wordcloud，构建词云效果图。

要求：

① wordcloud 参数中使用 stopwords 排除非人名，如：{'什么','一个','我们','那里','你们','如今','说道','知道','老太太','起来','姑娘','这里','出来','他们', '众人','自己','一面','太太','只见','怎么', '奶奶','两个','没有','不是','不知', '这个','听见'}，可以根据最初词云效果进行排除。

② 访问 https://pypi.org/，搜索 jieba 和 wordcloud，分别下载对应文件并安装。

库安装语法格式：pip install 对应包名。

实验 15

Python 数据库编程 «

一、实验目的

- 熟悉数据库表操作中常用的 SQL 命令。
- 学会创建 SQLite 数据库。
- 学会 Python 下 SQLite 数据库数据的插入、查询、更新和删除操作。

二、实验学时

2 学时。

三、实验预备知识

1. 结构化查询语言 SQL

结构化查询语言（Structured Query Language，SQL）是一种介于关系代数与关系演算之间的语言，是一个通用的、功能极强的关系数据库标准语言。SQL 在关系型数据库中的地位犹如英语在世界上的地位，利用它，用户可以用几乎同样的语句在不同的数据库系统上执行同样的操作。表 15-1 给出了数据库表操作常用的 SQL 命令。

表 15-1　数据库表操作常用的 SQL 命令

功　能	命　令
新建表	create table [if not exists] TABLE_NAME COLUMN_DEF
清空表中所有记录	delete from TABLE_NAME
按条件清除表记录	delete from TABLE_NAME where EXPR
删除表	drop table [if exists] TABLE_NAME
查看表字段	pragma table_info(TABLE_NAME)
修改表名称	alter table OLD_TABLE_NAME rename to NEW_TABLE_NAME
添加表字段	alter table TABLE_NAME add NEW_COLUMN_NAME [COLUMN_DEF]
删除表字段	alter table TABLE_NAME drop COLUMN_NAME
修改字段名	alter table TABLE_NAME rename column OLD_COLUMN_NAME to NEW_COLUMN_NAME
插入表记录	insert into TABLE_NAME [(COLUMN_NAME)] values (EXPR)
向表中插入查询返回的数据	insert into TABLE_NAME select EXPR
在表末尾插入一条默认数据	insert into TABLE_NAME default values
更新表记录	update TABLE_NAME set COLUMN1_NAME = EXPR1 , COLUMN2_NAME = EXPR2 [from TABLE_NAME or SUBQUERY] [where EXPR]
查询表中所有字段的记录	select * from TABLE_NAME [where EXPR] [group by EXPR] [order by ORDERING- TERM] [limit EXPR]
查询表中指定字段的记录	select COLUMN1_NAME , COLUMN2_NAME from TABLE_NAME

2. 访问 SQLite 数据库的步骤

连接 SQLite 数据库主要分为七个步骤：

（1）导入 Python SQLite3 数据库模块

Python 的标准库内置了 SQLite3 模块，可以使用 import 命令导入模块。如：

```
>>> import sqlite3
```

（2）调用 connect()创建数据库连接，返回 SQLite3.connection 连接对象

```
>>> dbstr="c:/sqlite/test.db"
>>> con = sqlite3.connect(dbstr)  #连接到数据库，返回连接对象
```

（3）调用 con.cursor()方法返回游标

游标（cursor）是行的集合。使用游标对象能够灵活地操纵表中检索出的数据。游标是一种能够从包括多条数据记录的结果集中每次提取一条记录的机制。如：

```
>>> cur=con.cursor()
```

cursor 对象的 execute()方法可以用来操作或者查询数据库。

cur.execute(sql)：执行 SQL 语句。

cur.execute(sql,parameters)：执行带参数的 SQL 语句。

（4）使用 cursor 对象的 execute()方法执行 SQL 命令返回结果集

cursor 对象的 execute()、executemany()、executescript()等方法可以用来操作或者查询数据库。

cur.execute(sql)：执行 SQL 语句。

cur.execute(sql,parameters)：执行带参数的 SQL 语句。

cur.executemany(sql,seg_of_parameters)：根据参数执行多次 SQL 语句。

cur.executescript(sql_scripts)：执行 SQL 脚本。

（5）调用 cur.fetchall()、cur.fetchmany()或 cur.fetchone()，获取游标的查询结果集

cur.fetchall()：返回结果集的剩余行（Row 对象列表），无数据时，返回空 List。

cur.fetchmany()：返回结果集的多行（Row 对象列表），无数据时，返回空 List。

cur.fetchone()：返回结果集的下一行（Row 对象），无数据时，返回 None。

（6）数据库的提交和回滚

根据数据库事务隔离级别的不同，可以提交或者回滚事务。

con.commit()：事务提交。

con.rollback()：事务回滚。

（7）关闭 cur 和 con

最后需要关闭 cursor 对象和 connection 对象。

cur.close()：关闭 cursor 对象。

con.close()：关闭 connection 对象。

3. 数据表的创建，数据的插入、查询、删除、更新与删除

（1）数据表的创建

```
import sqlite3
# 数据表的创建
conn = sqlite3.connect("data.db")
cursor = conn.cursor()
```

```
    create = "create table person("id int auto_increment primary key,name char(20)
not null,age int not null,msg text default null)"
    cursor.execute(create)    # 执行创建表操作
```

创建数据库 data.db，创建表 person，包括 id、name、age、msg 四个字段。

（2）数据的插入

```
    insert = "insert into person(id,name,age,msg) values(1,'lyshark',1,'hello
lyshark')"
    cursor.execute(insert)
    insert = "insert into person(id,name,age,msg) values(2,'guest',2,'hello
guest')"
    cursor.execute(insert)
    insert = "insert into person(id,name,age,msg) values(3,'admin',3,'hello
admin')"
    cursor.execute(insert)
    insert = "insert into person(id,name,age,msg) values(4,'wang',4,'hello wang')"
    cursor.execute(insert)
    insert = "insert into person(id,name,age,msg) values(5,'sqlite',5,'hello
sql')"
    cursor.execute(insert)

    data = [(6,'王舞',8,'python'),(7,'曲奇',8,'python'),(9,'C语言',9,'python')]
    insert = "insert into person(id,name,age,msg) values(?,?,?,?)"
    cursor.executemany(insert,data)
```

（3）数据的查询

```
    select = "select * from person;"
    cursor.execute(select)
    print(cursor.fetchall())  # 取出所有的数据
    select = "select * from person where name='lyshark';"
    cursor.execute(select)
    print(cursor.fetchall())  # 取出所有的数据
    select = "select * from person where id >=1 and id <=2;"
    list = cursor.execute(select)
    for i in list.fetchall():
        print("字段1: ", i[0])
        print("字段2: ", i[1])
```

（4）数据的更新与删除

```
    update = "update person set name='Jhon' where id=1;"
    cursor.execute(update)
    update = "update person set name='Jhon' where id>=1 and id<=3;"
    cursor.execute(update)
    delete = "delete from person where id=3;"
    cursor.execute(delete)
    select = "select * from person;"
    cursor.execute(select)
    print(cursor.fetchall())  #取出所有的数据
    conn.commit()    #事务提交，每执行一次数据库更改的操作，就执行提交
    cursor.close()
    conn.close()
```

四、实验内容和要求

【实例 15-1】建立数据库 students.db 以及表 stu（见表 15-2、表 15-3）。

表 15-2 stu 表结构

列　名	具体信息	数据类型
sno	学号	varchar(10)
name	姓名	varchar(10)
gender	性别	varchar(2)
birthday	出生年月	varchar(20)
major	专业	varchar(20)

表 15-3 CSV 文件内容

509060103	崔淼	女	1996/12/25	艺术设计
509011106	杜蓉	女	1997/2/14	通信工程
509011107	李军	男	1996/5/8	通信工程
509015107	王梦	女	1997/4/15	食品化工
509016111	郭磊	男	1998/12/10	能源工程
509043109	谭晓琳	女	1998/9/15	英语

完成以下操作：

① 建立数据库的链接。

② 创建游标对象。

③ 实现读取 CSV 文件内容（见表 15-3），写入 SQLite 数据库，并查询所有性别为“女”的记录。

④ 关闭数据库。

参考程序如下：

```
import csv
import sqlite3
cx=sqlite3.connect("d:\\students.db")
cu=cx.cursor()
cu.execute("drop table if exists stu")
cx.commit()
cu.execute("""create  table  stu  (sno  varchar(10)  primary  key,name
varchar(10),gender varchar(2),birthday varchar(20),major varchar(20))""")
filename="d:\\python\\csvfile1.csv"
#使用 open()函数打开文件，如果该文件不存在，则报错
with open(filename,'r') as mycsvfile:
    #使用 reader()方法读整个 CSV 文件到一个列表对象中
    lines=csv.reader(mycsvfile)
    #通过遍历每个列表元素，输出数据
    for line in lines:
        #在 VALUES()内使用?占位符，然后向 execute 方法提供实际值
        cu.execute("insert into stu values(?,?,?,?,?)",line)
    cx.commit()
```

```
cu.execute("select * from stu where gender='女'")
print(cu.fetchall())
cu.close()
cx.close()
```

运行结果如下：

```
[('509060103', '崔淼', '女', '1996/12/25', '艺术设计'), ('509011106', '杜蓉', '女', '1997/2/14', '通信工程'), ('509015107', '王梦', '女', '1997/4/15', '食品化工'), ('509043109', '谭晓琳', '女', '1998/9/15', '英语')]
```

【实例 15-2】实现一个简单的学生成绩系统，数据库名为 test.db，建立成绩表 scores（见表 15-4），并实现插入、查询操作。

表 15-4 成绩表 scores

姓　名	班　级	性　别	语　文	数　学	英　语
王笑	一班	女	78	87	90
李东	一班	男	85	95	75
王珊珊	三班	女	90	91	87
刘峰	二班	男	68	75	84
赵俊	三班	男	94	91	92
陈晨	四班	女	82	88	90

参考程序如下：

```
import sqlite3
# 创建与数据库的连接
conn = sqlite3.connect('test.db')
#创建一个游标 cursor
cur = conn.cursor()
# 建表的 SQL 语句
sql_text_1 = '''CREATE TABLE scores
           (姓名 TEXT,
            班级 TEXT,
            性别 TEXT,
            语文 NUMBER,
            数学 NUMBER,
            英语 NUMBER);'''
# 执行 SQL 语句
cur.execute(sql_text_1)

# 插入单条数据
sql_text_2 = "INSERT INTO scores VALUES('孙旭', '一班', '男', 96, 94, 98)"
cur.execute(sql_text_2)

#执行以下语句，插入多条数据
data = [('高歌', '一班', '女', 68, 87, 85),
        ('张远山', '四班', '男', 98, 84, 90),
        ]
cur.executemany('INSERT INTO scores VALUES (?,?,?,?,?,?)', data)
#连接完数据库并不会自动提交，所以需要手动 commit 所做改动
#对数据库做改动后（比如建表、插数等），都需要手动提交改动，否则无法将数据保存到数据库。
#提交改动的方法
conn.commit()
```

```
    #查询数学成绩大于 90 分的学生
    sql_text_3 = "SELECT * FROM scores WHERE 数学>90"
    cur.execute(sql_text_3)
    #获取查询结果 备注: 获取查询结果一般可用 cur.fetchone()方法（获取第一条），或者用
cur.fetchall()方法（获取所有条）。
    cur.fetchall()
    #使用完数据库之后，需要关闭游标和连接:
    #关闭游标
    cur.close()
    #关闭连接
    conn.close()
```

运行结果如下：

```
[('王笑','一班','女',78,87,90),('赵俊','三班','男',94,91,92), ('陈晨','四班','女
',82,88,90), ('孙旭', '一班','男', 96,94,98), ('张远山', '四班','男',98,84, 90)]
```

五、实验作业

创建数据库企业 MIS（Management Information System），即 MIS.db 系统和 employee 表（见表 15-5）。根据所学内容完成下列 SQL 命令，初始数据见表 15-6。

表 15-5　employee 表结构

列名	具体信息	数据类型
emp_id	工号	varchar(10)
emp_nam	姓名	varchar(10)
emp_sex	性别	varchar(2)
emp_age	年龄	varchar(2)
position	职位	varchar(20)
wages	薪资	varchar(10)
working_year	工龄	varchar(10)

表 15-6　CSV 文件的内容

1025	张三	男	43	部门总监	9865.5	11
1523	王五	男	38	项目经理	7654.2	7
1905	李四	女	32	职员	5712.3	5
2110	赵六	女	25	职员	4100.5	2

① 将 CSV 文件内容（见表 15-4）写入 SQLite 数据库的 employee 表中，并查询所有性别为“男”的记录。

② 使用 INSERT INTO 命令向表 employee 中插入记录[2201　高七　男　23　职员　3500]。

③ 使用 DELETE FROM 命令删除表中 emp_id 为 1523 的雇员的记录。

④ 使用 UPDATE 命令为职称为部门总监的雇员的工资增加 500 元。

⑤ 查询雇员中工资大于 5 000 的雇员的姓名和年龄。

⑥ 查询表中男、女雇员的人数及平均工资。

实验 16

面向对象程序设计基础

一、实验目的

- 掌握面向对象程序设计的基础概念。
- 掌握初步的面向对象程序设计方法。

二、实验学时

2 学时。

三、实验预备知识

Python 语言是面向对象程序设计语言，面向对象程序设计推广了程序的灵活性和可维护性，并且在大型项目设计中被广泛应用。

1. 面向对象程序设计

面向对象程序设计可以看作一种在程序中包含各种独立而又互相调用的对象的思想。这与传统的思想刚好相反：传统的程序设计主张将程序看作一系列函数的集合，或者直接就是一系列对计算机下达的指令；面向对象程序设计中的每一个对象都应能够接收数据、处理数据，并将数据传达给其他对象，因此它们都可以被看作一个小型的“机器”，即对象。

面向对象程序的三个基本特性是继承、封装和多态。继承（Inheritance）是指在某种情况下，一个类会有子类，子类比原本的类（称为父类）要更加具体化；封装（Encapsulation）隐藏了某一方法的具体执行步骤，通过消息传递机制传送消息给它，在不影响使用者的前提下改变对象的内部结构，保护了数据；多态（Polymorphism）是指一个事务具有多种形态，在程序中，多态是指对不同的类的对象使用同样的操作。

2. 类与对象

（1）类的定义

类是具有相同属性和方法的对象的集合，在 Python 中用关键字 class 定义。格式如下：

```
class 类名(object):
    属性
    方法
```

实例如下：

```
class People:       #定义一个空类
    pass            #一个空语句，起到占位的作用
```

（2）对象的创建

对象是类的实例，创建对象就是将类实例化。只有创建对象后，对象的属性才可以使用。一个类可以有多个对象。创建对象的格式如下：

```
对象名=类名（参数列表）
```

实例如下：

```
people1=People()
people2=People()
```

3. 属性

属性是用以描述类和对象的各类数据。

（1）类属性

类属性定义在类的内部、方法的外部，它可以由该类的所有对象共享，不属于某一个对象。例如：

```
>>> class People:
      name='ming'
>>> People.name
      'ming'
```

（2）对象属性

对象属性是描述对象的数据，可以在类定义中添加，也可以在调用实例时添加。例如：

```
>>> class People:
    name='ming'
>>> people1=People()
>>> people1.age=18
```

用 del 语句可以对对象的属性进行删除，并不影响类的属性。实例如下：

```
>>> del people1.age
```

（3）实例属性

实例属性主要在构造方法__init__中定义，在定义和在实例方法中访问属性时以 self 为前缀，同一类的不同对象的属性之间互不影响。实例如下：

```
>>> class Emp():
    def init (self):
        self.name='li'
```

在主程序中或类的外部，属于对象的属性只能通过对象名访问，而属于类的属性可以通过类名或对象名访问。

实例属性和具体的实例对象有关系，且各个实例对象之间不共享实例属性，实例属性值仅在自己的实例对象中使用，其他实例对象不能直接使用，因 self 值属于该实例对象。实例对象在类外面，可通过“实例对象.实例属性”调用。在类中通过“self.实例属性”调用。

（4）公有属性和私有属性

在 Python 中，属性分为公有属性和私有属性。公有属性可以在类的外部调用。私有属性不能在类的外部调用，只可以在方法中访问私有属性。公有属性可以是任意变量，私有属性是以双下划线（__）开头的变量。

4. 方法

（1）实例方法

实例方法在类中定义，以关键字 self 作为第一个参数。self 参数代表调用这个方法的对象本向。调用时，可以不用传递这个参数，系统将自动调用方法的对象作为 self 参数传入。例如：

```
class StClass():
    a=3
    def run(self):
        self.a=6
```

（2）调用

属性的调用格式：

```
实例对象名.属性
```

例如：

```
zhang=StClass()  #实例化对象
print(zhang.a)
```

实例方法的调用格式：

```
对象名.实例方法
```

（3）构造方法

类的构造方法是指对某个对象进行初始化（即实例化）时对数据进行初始化。格式如下：

```
def __init__(self,…):
    语句块
```

__init__()方法可以包含多个参数，但第一个参数必须是 self。

```
MsgBox(Prompt, [Buttons], [Title])
```

（4）析构方法

析构方法__del__()又称析构函数，用于删除类的实例。

在创建对象时，系统自动调用__init__()方法，在对象被清理时，系统也会自动调用一个__del__()方法。

（5）类方法

类方法@classmethod 是一个函数修饰符，表示接下来的是一个类方法，而对于平常见到的称为实例方法。类方法的第一个参数 cls，表示该类的一个实例。

例如：

```
class Person:
    @classmethod
    def uperson(cls):
        print("这是类方法")
```

类方法可以通过类名或对象名进行调用。

（6）静态方法

静态方法其实就是类中的一个普通函数，它并没有默认传递的参数。在创建静态方法的时候，需要用到内置函数：staticmethod。装饰器@staticmethod 把后面的函数和所属的类截断了，这个函数就不属于这个类了，也就没有类的属性了，要通过类名的方式调用。

（7）私有方法与公有方法

与私有属性类似，类的私有方法是以两个下划线开头但不以两个下划线结尾的方法，其他的都是公有方法。私有方法不能直接访问，但可以被其他方法访问。私有方法也不可在类外使用。

5. 继承和多态

（1）继承

子类拥有父类的所有方法和属性。语法格式为：

```
class 子类名(父类名)
```

继承可以执行父类的方法，也执行子类的方法。子类不能调用父类的私有方法。

继承有单重继承和多重继承，上面的例子都属于单重继承，即从一个父类继承。Python还允许从多个父类继承，即多重继承。在多重继承中，所有父类的特征都被继承到子类中。多重继承的语法类似于单重继承。

（2）多态

多态是指一类事物有多种形态。多态的实现方式有：运算符多态、方法多态、函数多态、继承多态。

在Python中多态反映在不考虑对象类型的情况下使用对象。并不需要显式指定对象的类型，只要对象具有预期的方法和表达式操作符，就可以使用对象，从而实现多态。

四、实验内容和要求

【实例 16-1】创建实例对象。练习创建类及对象，并访问对象的属性，使用类的名称访问类变量。

参考程序如下：

```
class Teacher:

    def __init__(self, name, sex):  #构造方法
        self.name=name
        self.sex=sex

    def displayTeacher(self):
        print ("Name : ", self.name,  ", sex: ", self.sex)

tcher1=Teacher("zhang", "Female")  #创建 Employee 类的第一个对象
#创建 Employee 类的第二个对象
tcher2=Teacher("yang ", "Female")
tcher3=Teacher("shi  ", "Male")
tcher4=Teacher("zhao ", "Female")
tcher5=Teacher("qian ", "Male")
tcher1.displayTeacher()
tcher2.displayTeacher()
tcher3.displayTeacher()
tcher4.displayTeacher()
tcher5.displayTeacher()
```

运行结果如下：

```
Name :  zhang , sex:  Female
Name :  yang  , sex:  Female
Name :  shi   , sex:  Male
Name :  zhao  , sex:  Female
Name :  qian  , sex:  Male
```

思考：更改程序实现添加、删除、修改类的属性。

【实例 16-2】用类的继承编写一个程序。

提示：

① 如果在子类中需要父类的构造方法就需要显式的调用父类的构造方法，或者不重写父类的构造方法。

② 在调用基类的方法时，需要加上基类的类名前缀，且需要带上 self 参数变量。区别在于类中调用普通函数时并不需要带上 self 参数。

参考程序如下：

```
class Parent:        #定义父类
  parentAttr=100
  def __init__(self):
    print("调用父类构造函数")

  def parentMethod(self):
    print("调用父类方法")

  def setAttr(self, attr):
    Parent.parentAttr=attr

  def getAttr(self):
    print("父类属性:", Parent.parentAttr)

class Child(Parent): #定义子类
  def __init__(self):
    print("调用子类构造方法")

  def childMethod(self):
    print("调用子类方法")

c=Child()                #实例化子类
c.childMethod()          #调用子类的方法
c.parentMethod()         #调用父类方法
c.setAttr(200)           #再次调用父类的方法，设置属性值
c.getAttr()              #再次调用父类的方法，获取属性值
```

运行结果如下：

```
调用子类构造方法
调用子类方法
调用父类方法
父类属性: 200
```

【实例 16-3】运算符的重载练习。

参考程序如下：

```
class Vector:
  def __init__(self, a, b):
    self.a=a
    self.b=b
```

```
    def __str__(self):
        return('Vector (%d, %d)' % (self.a, self.b))

    def __add__(self,other):
        return(Vector(self.a+other.a, self.b+other.b))

v1=Vector(2,10)
v2=Vector(5,-2)
print(v1+v2)
```

运行结果如下：

```
Vector(7, 8)
```

【实例 16-4】 编程练习通过 self 间接调用被封装的内容。

```
class Foo:

    def __init__(self, name, age):
        self.name=name
        self.age=age

    def detail(self):
        print(self.name)
        print(self.age)

obj1=Foo('xiaoming', 18)
obj1.detail()  #Python 默认会将 obj1 传给 self 参数，即 obj1.detail(obj1)，所以，此
时方法内部的 self=obj1，即 self.name 是 wupeiqi; self.age 是 18

obj2=Foo('xiaodong', 13)
obj2.detail()  #Python 默认会将 obj2 传给 self 参数，即 obj1.detail(obj2)，所以，此
时方法内部的 self=obj2，即 self.name 是 alex ; self.age 是 78
```

运行结果如下：

```
xiaoming
18
xiaodong
13
```

五、实验作业

【作业 16-1】 请设计一个课程类，包含课程编号、课程名称、任课教师、上课地点等属性，把上课地点变量设为私有，增加构造方法和显示课程信息的方法。

【作业 16-2】 编写一个学生类，要求有一个计数器的属性，统计总共实例化了多少个学生。

【作业 16-3】 编写一个 Person 基类与 Student 派生类，实现各种属性与方法的继承。

Person 类有属性 name、gender、age。

类方法：打印属性值。

输出如下结果：

```
A male 20 software
Computer
```

```
Person
Person
Person
```

【作业 16-4】编写程序，要求按格式输出如下信息：

```
丽丽,女孩,爱唱歌
丽丽,女孩,爱学习
东东,男孩,爱唱歌
东东,男孩,爱学习
```

【作业 16-5】分析下面的程序。

```
class Person:
    def __init__(self, name, weight):
        self.name=name
        self.weight=weight
    def __str__(self):
        return '我的名字叫 %s 体重是 %.2f' % (self.name, self.weight)
    def run(self):
        print('%s 爱跑步' % self.name)
        self.weight-=0.5
    def eat(self):
        print( '%s 吃东西' % self.name)
        self.weight+=1
xx=Person('小明', 75.0)
xx.run()
xx.eat()
print (xx)
xm=Person('小美', 45.0)
xm.run()
xm.eat()
print(xm)
print(xx)
class Person:
    className="Person"
    def __init__(self, name, gender,age):
        self.name=name
        self.gender=gender
        self.age=age
    def show(self,end='\n')
        print(self.name,self.gender,self.age,end=end)
    @classmethod
    def classClassName(cls):
        print(cls.className)
        @staticmethod
        def staticClassName():
            print(Person.className)
            class Student(Person):
        #className="Student"
    def __init__(self,name,gender,age,major,dept):
        Person.__init__(self,name,gender,age)
        self.major=major
        self.dept=dept
```

```
    def show(self):
        Person.show(self,' ')
        print(self.major,self.dept)
s=Student("A","male",20,"software","computer")
s.show()
print(Student.className)
Student.classClassName()
```

运行程序，结果如下：

```
小明 爱跑步
小明 吃东西
我的名字叫 小明 体重是 75.50
小美 爱跑步
小美 吃东西
我的名字叫 小美 体重是 45.50
我的名字叫 小明 体重是 75.50
A male 20 software computer
Person
Person
```

实验 17

tkinter 图形界面设计

一、实验目的

- 了解并熟练掌握 tkinter 中根窗体的创建方法及控件布局。
- 了解并熟练掌握 tkinter 中常见控件及其使用方法。
- 了解并掌握 tkinter 中对话框和对话框的类型及其使用。
- 熟练掌握 Python 的事件处理。

二、实验学时

2 学时。

三、实验预备知识

1. Python 图形化界面设计

tkinter（又称 Tk 接口）是 Tk 图形用户界面工具包标准的 Python 接口。Tk 是一个轻量级的跨平台图形用户界面（GUI）开发工具。Tk 和 tkinter 可以运行在大多数的 UNIX 平台、Windows 和 Macintosh 操作系统上。

Python 的可视化界面包括一个根窗体（又称主窗体、主窗口）。根窗体又包含各种控件，通过 tkinter 图形库实现。Python 图形化编程的基本步骤通常包括以下四步：

第一步：导入 tkinter 模块；

第二步：创建 GUI 根窗体；

第三步：添加人机交互控件并编写相应的函数；

第四步：在主事件循环中等待用户触发事件响应。

导入 tkinter 模块的方式有两种方式。

```
方式一：import tkinter
```

使用库中的所有函数的语法格式为：

```
tkinter.函数名(参数)
方式二：from tkinter import *
```

直接调用 tkinter 中的所有函数，语法格式为：

```
函数名(参数)
```

2. 创建根窗体

根窗体（又称主窗体，或主窗口）是图形化应用程序的根容器，是 tkinter 的底层空间的实例。当导入 tkinter 模块后，调用 Tk()方法可以初始化一个根窗体实例 root，用 title()方法可

设置其标题文字，用 geometry()方法可以设置窗体大小（以像素为单位）。将其置于主循环中，除非用户关闭，否则程序始终处于运行状态。执行该程序，一个根窗体就出现了。在这个主循环的根窗体中，可持续呈现容器中的其他可视化控件实例，检测时间的发生并执行相应的处理程序。

使用 geometry()方法设置窗体的大小，语法格式如下：

```
窗体对象.geometry(宽度 x 高度+水平偏移量+垂直偏移量)
```

注意：x 是小写字母 x，而不是乘号。

3. 几何布局管理器

所有的 tkinter 控件都包含专用的几何管理方法，这些方法是用来组织和管理整个父控件件区中子控件的布局的。tkinter 提供了截然不同的三种几何管理类：pack、grid 和 place。

（1）pack 几何布局管理器

pack 几何管理采用块的方式组织配件，在快速生成界面设计中被广泛采用。若干控件简单的布局，采用 pack 的代码量最少。pack 几何管理程序根据控件创建生成的顺序将控件添加到父控件中去。通过设置相同的锚点（Anchor）可以将一组配件紧挨一个地方放置，如果不指定任何选项，默认在父窗体中自顶向下添加控件。

使用 pack()布局的通用公式为：

```
WidgetObject.pack(option, …)
```

（2）grid 几何布局管理器

grid 几何管理器采用类似表格的结构组织配件，使用起来非常灵活，用其设计对话框和带有滚动条的窗体效果最好。grid 采用行列确定位置，行列交汇处为一个单元格。每一列中，列宽由这一列中最宽的单元格确定。每一行中，行高由这一行中最高的单元格决定。控件并不是充满整个单元格的，可以指定单元格中剩余空间的使用。可以空出这些空间，也可以在水平或竖直或两个方向上填满这些空间。可以连接若干个单元格为一个更大空间，这一操作被称作跨越。创建的单元格必须相邻。

使用 grid()布局的通用公式为：

```
WidgetObject.grid(option, …)
```

（3）place 几何布局管理器

place 几何管理器是最少被使用的一种管理器，但它是最精准的一种，依靠的是坐标系。因为在不同分辨率下，界面差异较大，因此不推荐使用。

使用 place()布局的通用公式为：

```
WidgetObject.place(option, …)
```

4. 常见控件

在 tkinter 中包含了 10 多种控件，常见控件及功能见表 17–1。

表 17-1 tkinter 常见控件

控件	名称	功能
Button	按钮	单击触发事件，例如鼠标掠过、按下、释放以及键盘操作/事件
Canvas	画布	提供绘图功能（直线、椭圆、多边形、矩形），含图形或位图
Checkbutton	复选框	一组方框，可以选择其中的任意个
Entry	输入框	单行文字域，用来收集键盘输入
Frame	框架	包含其他控件的纯容器，用于控件分组
Label	标签	用来显示文字或图片
Listbox	列表框	一个选项列表，用户可以从中选择
Menu	菜单	创建菜单命令
Menubutton	菜单按钮	用来包含菜单的控件（有下拉式、层叠式等）
Message	消息框	类似于标签，但可以显示多行文本
Radiobutton	单选按钮	一组按钮，其中只有一个可被“按下”
Scale	进度条	线性“滑块”控件，可设定起始值和结束值，显示当前位置的精确值
Scrollbar	滚动条	对支持的控件（文本域、画布、列表框、文本框）提供滚动功能
Text	文本域	多行文字区域，可用来收集（或显示）用户输入的文字
Toplevel	新建窗体容器	在顶层创建新窗体

在窗体上呈现的可视化控件，通常包括尺寸、颜色、字体、相对位置、浮雕样式、图标样式和悬停光标形状等共同属性。不同的控件由于其形状和功能的不同，又有其特征属性。

在初始化根窗体和根窗体主循环之间可实例化窗体控件，并设置其属性。通用语法格式为：

```
控件实例名=控件(父容器,[<属性1=值1>,<属性2=值2>,…,<属性n=值n>])
控件实例名.布局方法()
```

其中，父容器可以是根窗体或者其他容器控件实例。

常见的控件共同属性见表 17-2。

表 17-2 常见的控件共同属性

控件属性	说明	控件属性	说明
anchor	指定按钮上文本的位置	height	指定按钮的高度
background(bg)	指定按钮的背景色	image	指定按钮上显示的图片
bitmap	指定按钮上显示的位图	state	指定按钮的状态（disabled）
borderwidth(bd)	指定按钮边框的宽度	text	指定按钮上显示的文本
command	指定按钮消息的回调函数	width	指定按钮的宽度
cursor	指定鼠标移动到按钮上的指针样式	padx、pady	设置文本与按钮边框 x、y 的距离
font	指定按钮上文本的字体	activeforeground	按下时前景色
foreground(fg)	指定按钮的前景色	textvariable	可变文本，与 StringVar 等配合着用

5. Toplevel 子窗体

使用 Toplevel 可新建一个显示在最前端的子窗体，使用方法是：

```
子窗体实例名=Toplevel(根窗体)
```

子窗体同根窗体类似，也可以设置 title、geometry 等属性，并在其上布局其他控件。

6. 对话框

tkinter 模块提供了多种类型的对话框，如 messagebox、simpledialog、filedialog、colorchooser 等一些预定义的对话框，当然也可以通过继承 Toplevel 创建自定义的对话框。如果对于界面显示没有太严苛的要求，建议使用预定义的对话框。

7. 菜单

菜单控件是一个由许多菜单项组成的列表，每一条命令或一个选项以菜单项的形式表示。用户通过鼠标或键盘选择菜单项，以执行命令或选中选项。菜单项通常以相邻的方式放置在一起，形成窗口的菜单栏，并且一般置于窗口顶端。除菜单栏里的菜单外，还有快捷菜单，即平时在界面中是不可见的。当用户在界面中右击时才会弹出一个与单击对象相关的菜单。有时菜单中一个菜单项的作用是展开另一个菜单，形成级联式菜单。

tkinter 模块提供 Menu 类用于创建菜单控件，具体用法是先创建一个菜单控件对象，并与某个窗口（主窗口或者顶层窗口）进行关联，再为该菜单添加菜单项。与主窗口关联的菜单实际上构成了主窗口的菜单栏。菜单项可以是简单命令、级联式菜单、复选框或一组单选按钮，分别用 add_command()、add_cascade()、add_checkbutton()和 add_radiobutton()方法来添加。为了使菜单结构清晰，还可以用 add_separator()方法在菜单中添加分隔线。

上述过程可以描述为：

```
菜单实例名=Menu(根窗体)
菜单分组1=Menu(菜单实例名)
菜单实例名.add_cascade(<label1=菜单分组1显示文本>,<menu=菜单分组1>)
菜单分组1.add_command(<label1=命令1文本>,<command=命令1函数名>)
菜单分组1.add_command(<label1=命令2文本>,<command=命令2函数名>)
⋮
菜单分组1.add_command(<label1=命令n文本>,<command=命令n函数名>)
```

8. Python 事件处理

前面介绍了可视化用户界面中各种控件的用法以及对象的布局方法，可以用于设计应用程序的外观界面，但是还要处理界面里各个控件对应的操作功能，这就需要使界面和执行程序相关联，这种关联模式即事件处理。

用户通过键盘或鼠标与可视化界面内的控件交互操作时，会触发各种事件（Event）。事件发生时需要应用程序对其进行响应或处理。

（1）事件类型

tkinter 事件可以用特定形式的字符串描述，一般形式为：

```
<修饰符>-<类型符>-<细节符>
```

其中，修饰符用于描述鼠标的单击、双击，以及键盘组合按键等情况；类型符指定事件类型，最常用的类型有分别表示鼠标事件和键盘事件的 Button 和 Key；细节符指定具体的鼠标键或键盘按键，如鼠标的左、中、右三个键分别用 1、2、3 表示，键盘按键用相应字符或按键名称表示。修饰符和细节符是可选的，而且事件经常可以使用简化形式。例如

<Double-Button-1>描述符中，修饰符是 Double，类型符是 Button，细节符是 1，综合起来描述的事件就是双击鼠标左键。

（2）事件绑定

用户界面应用程序的核心是对各种事件的处理程序。应用程序一般在完成建立可视化界面工作后就进入一个事件循环，等待事件发生并触发相应的事件处理程序。事件与相应事件处理程序之间通过绑定建立关联。在 tkinter 模块中有四种不同的事件绑定方式：对象绑定、窗口绑定、类绑定和应用程序绑定。

针对某个控件对象进行事件绑定称为对象绑定，也称实例绑定。

对象绑定只对该控件对象有效，对其他对象（即使是同类型的对象）无效。

对象绑定调用控件 bind()方法实现，一般语法格式如下：

```
控件对象.bind(事件描述符,事件处理程序)
```

该语句的含义是：若控件对象发生了与事件描述符相匹配的事件，则调用事件处理程序。调用事件处理程序时，系统会传递一个 Event 类的对象作为实际参数，该对象描述了所发生事件的详细信息。

所谓焦点（focus），是当前正在操作的对象。例如，用鼠标单击某个对象，该对象就成为焦点。当用户按下键盘中的一个键时，要求焦点在所期望的位置。

图形用户界面中有唯一焦点，任何时刻可以通过对象的 focus_set()方法来设置，也可以用键盘上的【Tab】键来移动焦点。因此，键盘事件处理比鼠标事件处理多了一个设置焦点的步骤。

（3）事件处理函数

事件处理函数是在触发了某个对象的事件时而调用执行的程序段，它一般都带一个 Event 类型的形参，触发事件调用事件处理函数时，将传递一个事件对象。事件处理函数的一般形式如下：

```
def 函数名(event):
    函数体
```

在函数体中可以调用事件对象的属性。事件处理函数在应用程序中定义，但不由应用程序调用，而由系统调用，所以一般称为回调（call back）函数。

四、实验内容和要求

【实例 17-1】设计一个信息管理系统的登录界面。要求：界面左侧部分可输入账号和密码，密码输入后以“*”显示，输入完毕后，可通过按钮选择“登录”、“重置”和“退出”；界面右侧是一幅图画。参考界面如图 17-1 所示。

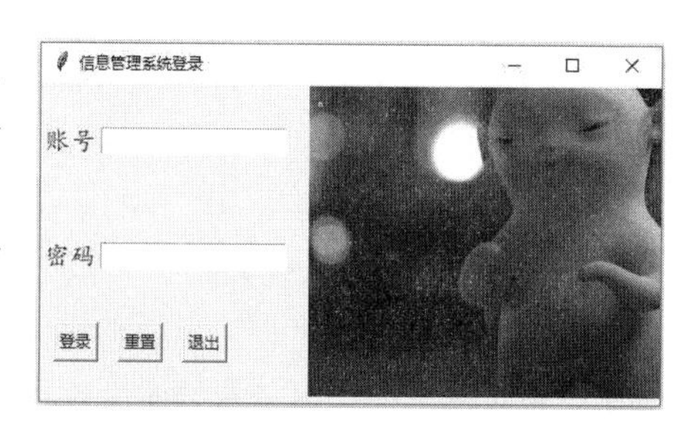

图 17-1　实例 17-1 登录界面效果图

【分析】本例仅是界面设计，且每个控件都有相对固定的位置，因此在对控件布局时可使用 grid()和 place()方法（注意：grid()和 pack()不能混合使用）。

在设计时，显示账号的 Label 和输入账号的 Entry 要在同一行，显示密码的 Label 和输入密码的 Entry 也要在同一行，三个 Button 可使用 pack()方法进行放置。

密码在输入时，以“*”显示，可设置其 show 属性为“*”。显示图片时，请注意 tkinter 支持的文件格式主要有 PGM、PPM、GIF、PNG 四种，其他格式的图片不能直接用修改文件扩展名的方法使用。

参考程序如下：

```
from tkinter import *

root=Tk()
root.title("信息管理系统登录")
root.geometry("480x240+200+200")

myGif=PhotoImage(file='E:/胡巴.gif')
lb_bgimg=Label(root,image=myGif,height=230)
lb_bgimg.grid(row=0,column=5,rowspan=3,padx=15,pady=1)

myLab1=Label(root,text="账号",font=("楷体",14))
myLab1.grid(row=0,column=0)

myLab2=Label(root,text="密码",font=("楷体",14))
myLab2.grid(row=1,column=0)

ent1=Entry(root)
ent1.grid(row=0,column=1)
ent2=Entry(root,show="*")
ent2.grid(row=1,column=1)

button1=Button(root,text="登录")
button1.place(x=10,y=180)
button2=Button(root,text="重置")
button2.place(x=60,y=180)
button3=Button(root,text="退出")
button3.place(x=110,y=180)

root.mainloop()
```

图 17-2　实例 17-1 运行结果

运行结果如图 17-2 所示。

【实例 17-2】 编写一个迷你选课系统的小程序，单击课程或者学分的列表框可实现联动选课功能，选课结束，可将所选课程和学分在文本框中显示。课程及对应学分如下：

大学计算机，学分：2.0；高等数学，学分：5.0；Python 程序设计，学分：4.0；自然辩证法，学分：3.0；军事理论，学分：1.5。

【分析】 本例中需要三个列表框，分别用来用于存放课程名、课程名所对应的学分以及选课后的课程名与学分的组合。课程名及学分分别使用列表，分别编写选课程、选学分函数。通过对列表框控件实例绑定鼠标事件，触发自定义的选课程或选学分函数的执行。选课程及选学分函数应以 event 作为参数以获取鼠标所选择项目的索引。绑定的鼠标事件一般是鼠标左键的释放。

参考程序如下：

```
from tkinter import *

def iniCourses():
    list_items=['大学计算机','高等数学','Python 程序设计','自然辩证法','军事理论']
    for item in list_items:
        Lstbox1.insert(END,item)
    list_credits=[2.0,5.0,4.0,3.0,1.5]
    for item in list_credits:
        Lstbox2.insert(END,item)

def slecurse1(event):
    s="已选"+Lstbox1.get(Lstbox1.curselection()) +\
            str(Lstbox2.get(Lstbox1.curselection())) + '学分\n'
    txt.insert(END,s)

def slecurse2(event):
    s="已选"+Lstbox1.get(Lstbox2.curselection()) +\
            str(Lstbox2.get(Lstbox2.curselection())) + '学分\n'
    txt.insert(END,s)

root=Tk()
root.title("选课系统")
root.geometry("320x240+150+150")

frame1=Frame(root,relief=RAISED)
frame1.place(relx=0.0)

frame2=Frame(root,relief=GROOVE)
frame2.place(relx=0.3)

frame3=Frame(root,relief=RAISED)
frame3.place(relx=0.45)

Lstbox1=Listbox(frame1)
Lstbox1.bind('<ButtonRelease-1>',slecurse1)
Lstbox1.pack()

Lstbox2=Listbox(frame2)
Lstbox2.bind('<ButtonRelease-1>',slecurse2)
Lstbox2.pack()

txt =Text(frame3,height=14,width=18)
txt.pack()

iniCourses()

root.mainloop()
```

运行过程及结果如图 17-3 所示。

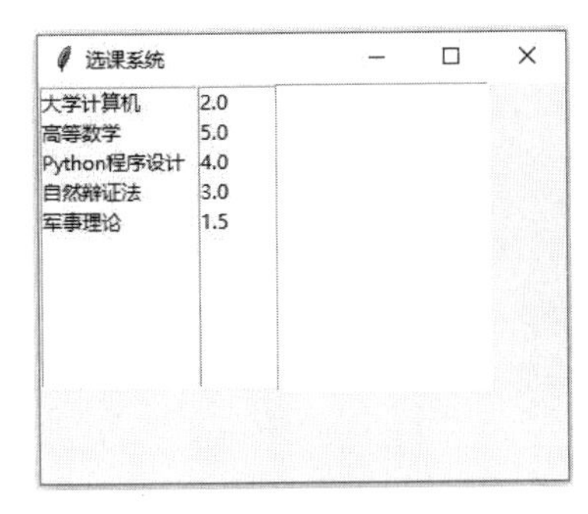

（a）选择课程前的主窗口

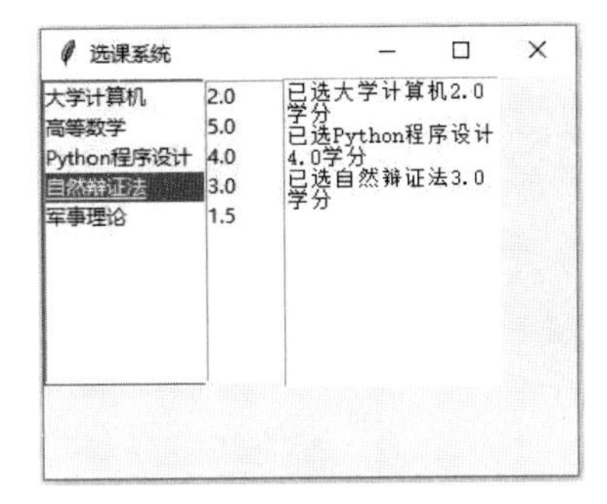

（b）选择课程后运行效果

图 17-3　实例 17-2 过程及结果

【实例 17-3】设计一个迷你四则运算计算器，要求将两个数值型数据分别输入两个文本框后，再通过选择组合框中的函数触发计算。

【分析】本例中输入的两个数值型数据可使用文本框，在编写程序过程中，需要将输入的文本转换为数值型才可进行计算。

将加法、减法、乘法和除法列入组合框中，通过组合框实例绑定事件，除法计算函数（本例为 myCal()函数）的执行，以 event 作为参数以获取所选中项目的索引。请注意：绑定的事件是组合框中某选项被选中，用两个小于号和两个大于号作为界定符。

最后，将计算的结果通过文本框显示。

参考程序如下：

```
from tkinter import *
from tkinter.ttk import *

def myCal(event):
    x=float(eval(t1.get()))
    y=float(eval(t2.get()))
    dic={0:x+y,1:x-y,2:x*y,3:x/y}
    result=dic[comb.current()]
    lb1.config(text=str(result))

root=Tk()
root.title("迷你计算器")
root.geometry("320x240+150+150")

t1=Entry(root)
t1.place(relx=0.1,rely=0.1,relwidth=0.2,relheight=0.1)
t2=Entry(root)
t2.place(relx=0.6,rely=0.1,relwidth=0.2,relheight=0.1)

var=StringVar()
comb=Combobox(root,textvariable=var,values=['加法','减法','乘法','除法'])
comb.place(relx=0.35,rely=0.1,relwidth=0.2)
comb.bind('<<ComboboxSelected>>',myCal)

lb1=Label(root,text="计算结果是: ")
lb1.place(relx=0.5,rely=0.7,relwidth=0.2,relheight=0.3)

root.mainloop()
```

运行过程及结果如图 17–4 所示。

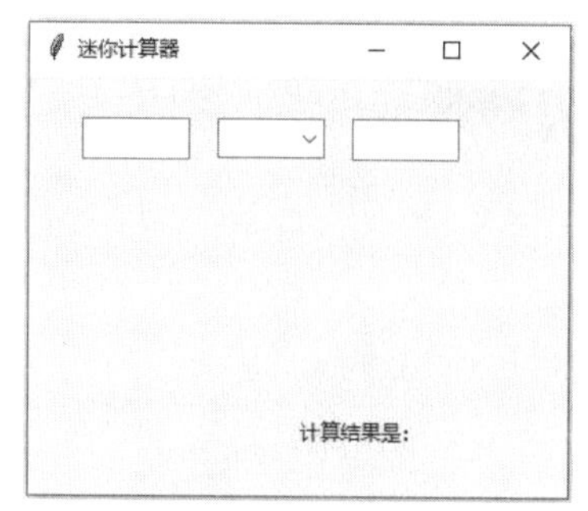

（a）主窗口初始界面

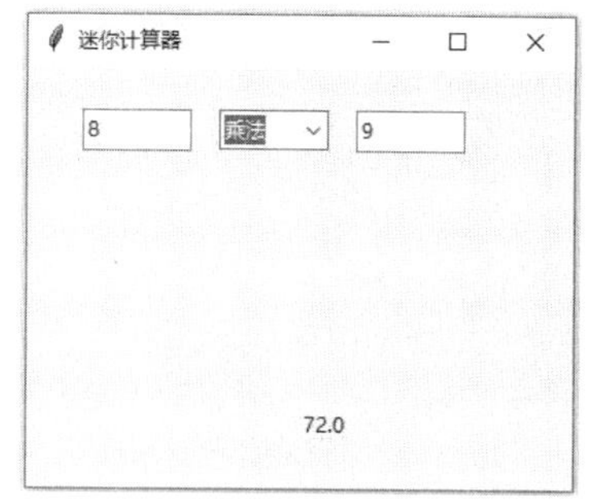

（b）输入数据，选择运算后的运行效果

图 17–4　实例 17–3 运行结果

【实例 17–4】设计一个秘籍查看系统，可查看“Python 学习秘籍”和“养生秘籍”，要求如下：

① 主界面输入用户名和密码（本例中正确的用户名是：zzuli，密码是 201812），主窗体界面可参考图 17–5。

② 如果用户名和密码输入正确，在弹出的对话框中进行选择查看“Python 学习秘籍”还是“养生秘籍”。选择后，在弹出的窗体中查看所选秘籍。

③ 用户名和密码输入错误会弹出警告对话框。

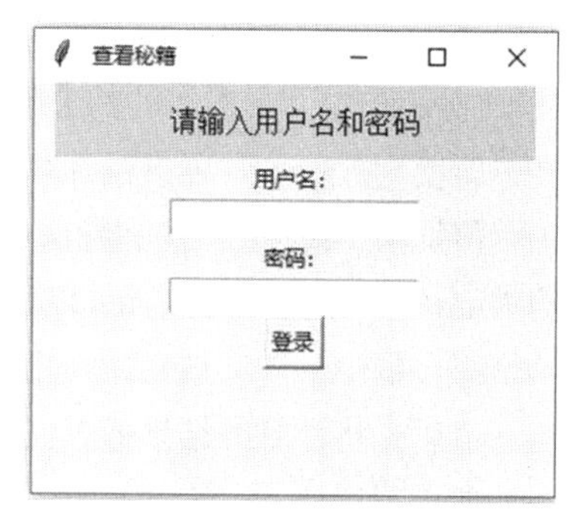

图 17–5　实例 17–4 主窗体参考界面

【分析】本例中的 Label 和 Entry 可使用 pack()函数进行布局。本例中的关键是登录函数的编写。如果登录成功，则弹出 askquestion 对话框，通过选择，确定查看何种秘籍；如果输入错误，则弹出 showerror 对话框。要使用对话框，需要在程序起始位置添加语句：

```
from tkinter import messagebox
```

查看秘籍可以使用 Toplevel 新建一个显示在最前端的子窗体，使用方法是：

```
子窗体实例名=Toplevel(根窗体)
```

子窗体同根窗体类似，也可以设置 title、geometry 等属性，并在其上布局其他控件。在本例中，子窗体近添加一个 Label 显示相关信息即可。

参考程序如下：

```
from tkinter import *
from tkinter import messagebox

root=Tk()
root.geometry("300x230+100+100")
root.title(" 查看秘籍")

myLab1=Label(root,text="请输入用户名和密码",bg='pink', font=('Arial', 12),
width=30, height=2)
myLab1.pack()
var=StringVar()
```

```
def myLog():
    if use_var.get()=="zzuli" and pssword_var.get()=="201812":
        myAns=messagebox.askquestion("登录成功","是: Python 学习秘籍; 否: 养生秘籍")
        if myAns=="yes":
            myTop=Toplevel()
            myTop.title('Python 学习秘籍')
            myTop.geometry("200x120+500+500")
            myLab=Label(myTop,text="多学多思多练")
            myLab.pack()
        else:
            myTop=Toplevel()
            myTop.title('养生秘籍')
            myTop.geometry("260x120")
            myLab=Label(myTop,text="少用眼，保护视力")
            myLab.pack()
    else:
        messagebox.showerror("警告! 注意! ","用户名或密码错误! ! ")

myLab2=Label(root,text="用户名: ")
myLab2.pack()

use_var=StringVar()
userName=Entry(root,textvariable=use_var,textshow=None)
userName.pack()

myLab3=Label(root,text="密码: ")
myLab3.pack()

pssword_var=StringVar()
userPassw=Entry(root,textvariable=pssword_var,show="*")
userPassw.pack()

myBut=Button(root,text="登录",command=myLog)
myBut.pack()

root.mainloop()
```

运行过程及结果如图 17-6 所示。

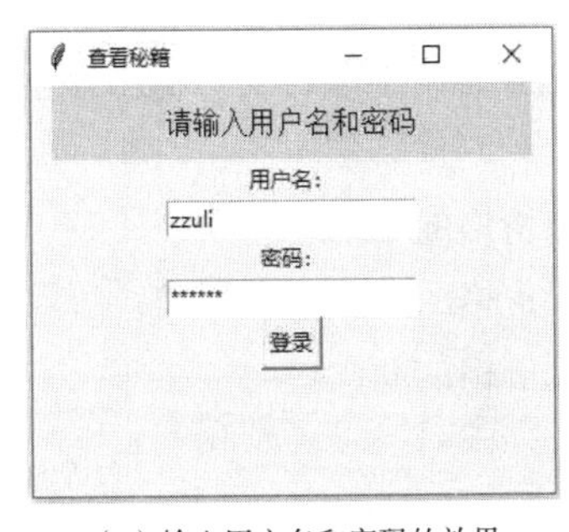

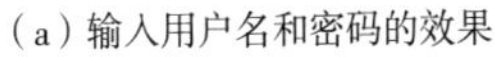

（a）输入用户名和密码的效果

（b）用户名和密码输入正确后弹出的对话框效果

图 17-6　实例 17-4 运行过程及结果

（c）在（b）中选择“是”后弹出的窗体效果

（d）在（b）中选择“否”后弹出的窗体效果

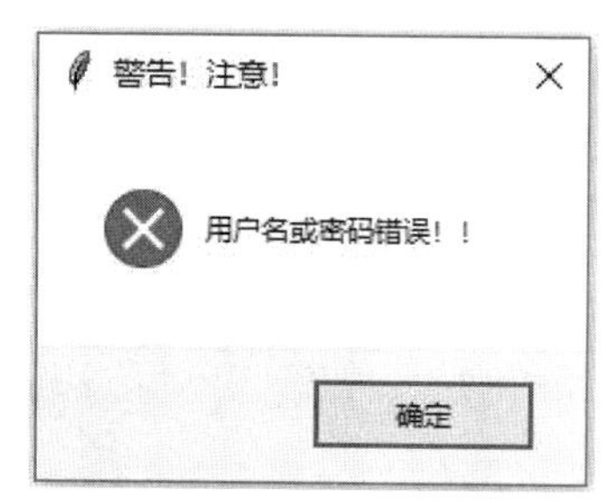

（e）用户名或密码输入错误时弹出的对话框

图 17-6　实例 17-4 运行过程及结果（续）

五、实验作业

【作业 17-1】设计一个简单的某信息管理系统的用户注册窗口，输入内容包括：用户名、性别、电子邮箱。单击“提交”按钮后，将在出现的对话框上显示输入的信息。

【作业 17-2】设计一个程序，用两个文本框输入数值型数据，用列表框存放“+、−、×、÷、幂运算、取余”。用户先输入两个数值，再从列表框中选择某一种运算后可在标签中显示运算结果。

【作业 17-3】设计一个景区售票程序。在窗体上放置标签、单选按钮、输入框、命令按钮和多行文本框。根据所选不同景点的名称、门票价格和购买门票的张数计算总额。景点名称有“龙门石窟”、“明堂”、“王城公园”和“白马寺”，对应的票价分别是：150 元、50 元、60 元和 80 元。

在输入框中输入购买的张数，单击“计算总额”按钮，将在多行文本框中显示景点名称、门票张数和门票总额。计算票价总额的标准是：

若门票张数大于或者等于 80 张，则票价总额为原价格的 60%。

若门票张数大于或者等于 50 张，则票价总额为原价格的 75%。

若门票张数大于或者等于 20 张，则票价总额为原价格的 90%。

其他情况维持原价不变。

【作业 17-4】编写一个“我的记事本”程序，可实现以下功能：

① 基本文本编辑功能，增加、删除、修改、查看和替换功能。

② 实现英文字符的大、小写切换功能。

③ 新建记事本文件功能。

④ 打开已有的记事本文件功能。

⑤ 记事本文件的“保存/另存为”功能。

⑥ 清空记事本文件功能。

参考界面如图 17–7 所示。

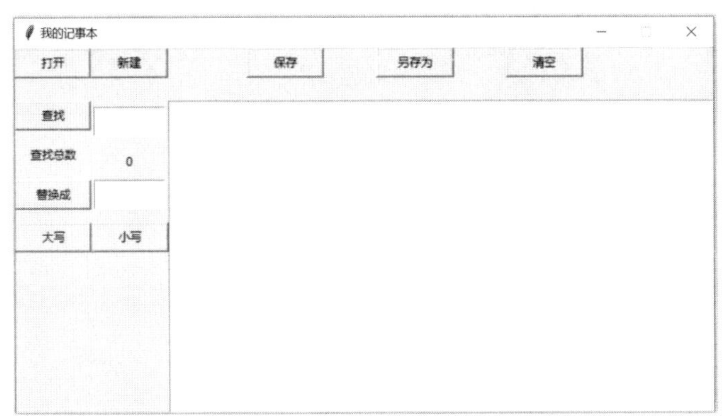

图 17–7 “我的记事本”参考界面

实验 18

网络爬虫入门 «‹

一、实验目的

- 了解网络爬虫的基本知识。
- 了解 HTTP 协议相关知识。
- 了解 HTML 结构。
- 学习使用 urllib 库和 requests 库获取网页信息。
- 学习使用 Beautiful Soup 库解析 HTML 文本。

二、实验学时

2 学时。

三、实验预备知识

网络爬虫，又称网页蜘蛛或者网络机器人，是一种按照一定的规则，自动地抓取万维网信息的程序或脚本。

1. 网络爬虫步骤

（1）发送请求，获得响应，即获取网页内容

爬虫首先需要获取网页，即向网站的服务器发送一个请求，返回的响应体便是网页的源代码。Python 的内置标准库，urllib 和 request 库可以帮助我们完成这部分内容。

（2）提取信息

获得网页源代码后，需要分析并从中提取需要的信息。一般情况下，在这个步骤中，通用的函数是使用正则表达式提取，也可以借助 Python 内置标准库 Beautiful Soup 或者其他模块来完成。

（3）保存数据

提取信息后，将数据保存为 TXT、JSON 文本或者其他格式文件，还可以保存到数据库中。

2. HTTP 协议

HTTP 协议即超文本传输协议（Hyper Text Transfer Protocol，HTTP），是一个简单的请求响应协议，它运行在 TCP 之上。

HTTPS（全称为 Hyper Text Transfer Protocol Secure）是以安全为目标的 HTTP 通道。在 HTTP 的基础上通过传输加密和身份认证保证了传输过程的安全性。现在被广泛用于万维网上安全敏感的通信，例如交易、支付等方面。

3. URI和URL

URI全称为Uniform Resource Identifier，即统一资源标识符，是一种用于标识某种互联网资源的字符串，在网页上的各种资源，如图像、视频、程序、文档等都是由URI进行定位的。URL全称为Uniform Resource Locator，即统一资源定位符，是互联网上用于指定信息位置的表示方法。URL是URI的子集。通常所说的网址就是URL。

4. 请求和响应

（1）请求

在浏览器中输入网址按下回车键会显示网页。这个过程其实是一个请求与响应的过程。表18-1为HTTP协议对资源的常用请求方法。

表18-1 HTTP协议对资源的常用请求方法

方 法	说 明
GET	请求获取URL位置的资源
HEAD	请求获取URL位置资源的响应消息报告，即获得该资源的头部信息
POST	请求向URL位置的资源后附加新的数据
PUT	请求向URL位置存储一个资源，覆盖原URL位置的资源
PATCH	请求局部更新URL位置的资源，即改变该处资源的部分内容
DELETE	请求删除URL位置存储的资源

（2）响应

响应包含三个部分：响应状态码（Response Status Code）、响应头（Response Headers）和响应体（Response Status Body）。

5. HTML基本知识

HTML全称为Hyper Text Markup Language，即超文本标记语言。HTML语言是一种建立静态网页文件的语言。通过标记式的指令，将图文声像等内容显示出来。HTML并不是一种程序语言，只是一种对网页中资料或者信息对象进行标记排版的结构语言，非常简单易学。

超文本标记语言的结构包括“头”部分（英语：head）和“主体”部分（英语：body）。其中“头”部分提供关于网页的信息，“主体”部分提供网页的具体内容。下面这段文本是HTML的典型文本格式。

```
<!DOCTYPE html>                     <!--文档类型-->
<html>                              <!--根标签-->
<head>                              <!--网页头部-->
<meta charset="UTF-8">              <!--UTF-8 编码-->
<title>Title</title>                <!--网页标题-->
</head>
<body>
    (内容部分)                      <!--网页的主体可视化区域-->
</body>
</html>
```

（1）HTML 常用标签

<!DOCTYPE>：定义文档类型。

<html>：定义 HTML 文档。

<title>：定义文档的标题。

<body>：定义文档的主体。

<h1>to<h6>：定义 HTML 标题。

<p>：定义段落。

：定义简单的折行。

<hr>：定义水平线。

<!--...-->：定义注释。

（2）表单标签

<form>：定义供用户输入的 HTML 表单。

<input>：定义输入控件。

<textarea>：定义多行的文本输入控件。

<button>：定义按钮。

<select>：定义选择列表（下拉列表）。

<optgroup>：定义选择列表中相关选项的组合。

<option>：定义选择列表中的选项。

<label>：定义 input 元素的标注。

<fieldset>：定义围绕表单中元素的边框。

<legend>：定义 fieldset 元素的标题。

<datalist>：定义下拉列表。

<keygen>：定义生成密钥。

<output>：定义输出的一些类型。

（3）框架标签

<frame>：定义框架集的窗口或框架。

<frameset>：定义框架集。

<noframes>：定义针对不支持框架的用户的替代内容。

<iframe>：定义内联框架。

（4）图像标签

<img>：定义图像。

<map>：定义图像映射。

<area>：定义图像地图内部的区域。

<canvas>：定义图形。

<figcaption>：定义 figure 元素的标题。

<figure>：定义媒介内容的分组，以及它们的标题。

（5）链接标签

<a>：定义锚。

<link>：定义文档与外部资源的关系。

<nav>：定义导航链接。

（6）表格标签

<table>：定义表格。

<caption>：定义表格标题。

<th>：定义表格中的表头单元格。

<tr>：定义表格中的行。

<td>：定义表格中的单元格。

<thead>：定义表格中的表头内容。

<tbody>：定义表格中的主体内容。

<tfoot>：定义表格中的标注内容（脚注）。

<col>：定义表格中一个或多个列的属性值。

<colgroup>：定义表格中供格式化的列组。

6. JavaScript 基本知识

JavaScript（简称 JS）是一种具有函数、轻量级、解释型脚本编程语言。JavaScript 语言简单，具有基于对象编程的特性，具有良好的跨平台性，易于学习。其主要功能如下：

① 可以读/写 HTML 元素，将动态文本嵌入 HTML 页面中。

② 对浏览器事件做出响应，能够检测访客的浏览信息。

③ 可以在数据被提交到服务器之前验证数据。

④ 基于 Node.js 技术进行服务器端编程。

7. urllib 库基本知识

Python 3.X 标准库 urllib 提供了 urllib.request、urllib.error、urllib.parse、urllib.robotparser 四个模块。

urllib.request 模块：用于打开和读取 URL。

urllib.error 模块：用于处理 urllib.request 抛出的异常。

urllib.parse 模块：用于解析 URL。

urllib.robotparser 模块：用与解析 robots.txt 文件。

（1）发送请求打开获取远程页面

```
urllib.request.urlopen(url, data=None,[timeout,]*, cafile=None, capath=None, context=None)
```

（2）处理异常

使用 urllib.error 模块定义了在使用 urllib.request 模块时所产生的异常。如果出现异常 urllib.request 会抛出 urllib.error 模块中定义的异常。

（3）解析

urllib.parse 模块支持如下协议的 URL 处理：file、ftp、hdl、http、https、mms、news、nntp、 prospreo、sftp、sip、telnet 等。使用 urllib.parse 得到返回结果是一个 ParseResult 对象，包括六个部分，分别是：scheme、netloc、path、params、query 和 fragment。

（4）robots 协议

robots 协议又称 robots.txt（全小写），是一种存放于网站根目录下的 ASCII 编码的文本文件。它通常告诉网络爬虫，此网站中的哪些内容是不应被爬虫获取的，哪些是可以被爬虫获取的。

8．requests 基本知识

requests 库是一个用 Python 实现的基于 HTTP 协议的第三方库，是一个简单、友好的网络爬虫库，支持 http 持久连接和连接池、支持 SSL 证书验证、支持对 cookie 的处理以及流式上传等。

requests 库的七个主要函数。

① requests.request()：构造一个请求，这个函数是支撑下面六种函数的基础函数。

② requests. get()：该函数用于构造一个请求，获取 HTML 网页。

③ requests. head()：该函数用于获取网页头信息。

④ requests. post()：该函数向 HTML 网页提交 POST 请求。

⑤ requests. put()：向 HTML 网页提交 PUT 请求的函数。

⑥ requests. patch()：向 HTML 网页提交局部修改请求。

⑦ requests. delete()：向 HTML 页面提交删除请求。

9．Beautiful Soup 库基本知识

Beautiful Soup 是一个高效的网页解析库，可以从 HTML 或 XML 文件中提取数据，是一个可以解析、遍历、维护“标签树”的功能库。

Beautiful Soup 数据解析的原理如下：

（1）实例化一个 BeautifulSoup 对象，并且将页面源码数据加载到该对象中

```
soup = BeautifulSoup("<html>A Html Text</html>", "html.parser")
```

其中，第一个参数是要解析的 HTML 文本，第二个参数是使用那种解析器，对于 HTML 来讲就是 html.parser，这个是 bs4 自带的解析器。

```
soup.prettify()   #将对象格式化输出
```

（2）通过调用 BeautifulSoup 对象中相关的属性或者函数进行标签定位和数据提取

Beautiful Soup 将复杂的 HTML 文档转换成一个复杂的树形结构，每个节点都是 Python 对象，所有对象可以归纳为五种：tag，NavigableString，name，Comment，Attributes。

（3）find_all(name, attrs, recursive,string, **kwargs)

返回文档中符合条件的所有 tag，是一个列表。

（4）find(name, attrs, recursive, string, **kwargs)

name：对标签名称的检索字符串。

attrs：对标签属性值的检索字符串。

recursive：是否对子节点全部检索，默认为在 Truestring: <>...</>中检索字符串。

**kwargs：关键词参数列表。

四、实验内容和要求

在这部分内容中，【实例 18–1】至【实例 18–7】为 requests 库主要函数的使用，分别对应网页访问的各种请求。【实例 18–8】为爬取网页的表格数据，存储为 CSV 格式文件。【实例 18–9】爬取网页中的 json 数据，存储为 CSV 格式。

【实例 18-1】 使用 requests 爬取中文网页 http://www.baidu.com 并输出页面信息。

【分析】 本例爬取一个网页内容，使用 requests.get()函数向某中文网页发出请求，生成一个 response 响应对象，设置响应网页的编码格式，然后输出响应的状态码，以及响应对象的 text 属性内容。

```
import requests
response = requests.get("http://www.baidu.com")        #生成一个 response 对象
response.encoding = response.apparent_encoding         #设置编码格式
print("状态码:"+ str( response.status_code ) )          #输出状态码
print(response.text)                                   #输出爬取的信息
```

运行结果如下：

```
状态码:200
<!DOCTYPE html>
<!--STATUS OK--><html> <head><meta http-equiv=content-type content=text/html;
charset=utf-8><meta http-equiv=X-UA-Compatible content=IE=Edge><meta content=always
name=referrer><link rel=stylesheet type=text/css href=http://s1.bdstatic.com/r/
www/cache/bdorz/baidu.min.css><title>百度一下，你就知道</title></head> <body
link=#0000cc> <div id=wrapper>
……
```

【实例 18-2】 使用 requests.get()函数发送向 http://httpbin.org/get 请求获取响应。

【分析】 本例使用 requesets.get()函数向 http://httpbin.org/get 网页发出请求，生成一个 response 响应对象，输出响应的状态码，以及响应对象的 text 属性内容。http://httpbin.org 网站是一个开源项目，是使用 Python+Flask 项目编写的一个简单的 HTTP 请求和响应服务。可以在这个网站练习爬虫操作，熟悉爬虫库的相关函数。

参考程序如下：

```
import requests
response=requests.get("http://httpbin.org/get")#get()函数提交请求，获得响应对象
print( response.status_code )     #状态码
print( response.text )
```

运行结果如下：

```
200
{
   "args": {},
   "headers": {
      "Accept": "*/*",
      "Accept-Encoding": "gzip, deflate",
      "Host": "httpbin.org",
      "User-Agent": "python-requests/2.27.1",
      "X-Amzn-Trace-Id": "Root=1-62a58ee4-502c0bbe0efb85ec75ec7e8a"
```

```
    },
    "origin": "222.137.151.162",
    "url": "http://httpbin.org/get"
}
```

【实例 18-3】使用 requests.post()函数向 http://httpbin.org/post 发送请求获取响应。输出状态码及响应对象的 text 属性内容。

【分析】本例使用 requesets.post()函数向 http://httpbin.org/post 网页发出请求，生成一个 response 响应对象，输出响应的状态码以及响应对象的 text 属性内容。

参考程序如下：

```
import requests                    #先导入爬虫的库，不然无法调用爬虫的函数
response = requests.post("http://httpbin.org/post")  #post 函数访问
print( response.status_code )  #状态码
print( response.text )
```

运行结果如下：

```
200
{
    "args": {},
    "data": "",
    "files": {},
    "form": {},
    "headers": {
        "Accept": "*/*",
        "Accept-Encoding": "gzip, deflate",
        "Content-Length": "0",
        "Host": "httpbin.org",
        "User-Agent": "python-requests/2.27.1",
        "X-Amzn-Trace-Id": "Root=1-62a58f50-69df30355b3051ea51dc935b"
    },
    "json": null,
    "origin": "222.137.151.162",
    "url": "http://httpbin.org/post"
}
```

【实例 18-4】使用 requests.get()函数向网页 http://httpbin.org/get 发送请求并传递参数，新增两项内容 name=hezhi，age=20 获取响应。

【分析】本例使用 requests.get()函数向 http://httpbin.org/get 网页发出请求，并传递了两个参数，增加了两项内容。获得生成一个 response 响应对象，输出响应的状态码，以及响应对象的 text 属性内容。请观察本例与【实例 18-2】的区别。

参考程序如下：

```
import requests  #先导入爬虫的库，不然调用不了爬虫的函数
response=requests.get("http://httpbin.org/get?name=hezhi&age=20")# get 传参
print( response.status_code )  #状态码
print( response.text )
```

运行结果如下：

```
200
{
```

```
    "args": {
        "age": "20",
        "name": "hezhi"
    },
    "headers": {
        "Accept": "*/*",
        "Accept-Encoding": "gzip, deflate",
        "Host": "httpbin.org",
        "User-Agent": "python-requests/2.27.1",
        "X-Amzn-Trace-Id": "Root=1-62a58fc1-276d505a523b701e3fc660a4"
    },
    "origin": "222.137.151.162",
    "url": "http://httpbin.org/get?name=hezhi&age=20"
}
```

【实例 18-5】使用 requests.get()函数向 http://httpbin.org/get 发送请求并传递参数新增两项内容 name=hezhi，age= 20，获取响应，输出响应对象的 text 属性。

【分析】使用 requests.get()函数向 http://httpbin.org/get 发送请求并传递参数。在这里将两项参数设置为字典格式的数据 data，向网页传递 data。请观察本例与【实例 18-2】【实例 18-4】有什么区别。

参考程序如下：

```
import requests                    #先导入爬虫的库，否则无法调用爬虫的函数
data = {
"name":"hezhi",
"age":20
}
response = requests.get( "http://httpbin.org/get" , params=data )
print( response.status_code )  #状态码
print( response.text )
```

运行结果如下：

```
200
{
    "args": {
    "age": "20",
    "name": "hezhi"
},
    "headers": {
    "Accept": "*/*",
    "Accept-Encoding": "gzip, deflate",
    "Host": "httpbin.org",
    "User-Agent": "python-requests/2.27.1",
    "X-Amzn-Trace-Id": "Root=1-62a58ffc-7d12e6f419b8234d0e40a287"
    },
    "origin": "222.137.151.162",
    "url": "http://httpbin.org/get?name=hezhi&age=20"
}
```

【实例 18-6】使用 requests.post()函数向 http://httpbin.org/post 发送请求并传递参数，新增两项内容 name=hezhi，age=20，获取响应，输出响应对象的 text 属性。

【分析】本例使用 requests.post()函数向 http://httpbin.org/post 发送请求并传递参数，在这里将两项参数设置为字典格式的数据 data，向网页传递 data。请注意 requests.get()和 requests.post()这两个函数在向网页传递参数时有什么区别。

参考程序如下：

```
import requests                    #先导入爬虫的库，不然调用不了爬虫的函数
data = {
          "name":"hezhi",
          "age":20
}
response = requests.post( "http://httpbin.org/post" , params=data)
print( response.status_code ) #状态码
print( response.text )
```

运行结果如下：

```
200
{
   "args": {
   "age": "20",
   "name": "hezhi"
   },
   "data": "",
   "files": {},
   "form": {},
   "headers": {
      "Accept": "*/*",
      "Accept-Encoding": "gzip, deflate",
      "Content-Length": "0",
      "Host": "httpbin.org",
      "User-Agent": "python-requests/2.27.1",
      "X-Amzn-Trace-Id": "Root=1-62a59032-370a219d10a904e72e426ab8"
   },
   "json": null,
   "origin": "222.137.151.162",
   "url": "http://httpbin.org/post?name=hezhi&age=20"
}
```

【实例 18-7】模拟浏览器，获取响应。

【分析】很多网站对爬虫做了限制，我们的程序需要模拟浏览器浏览网页来获取网页信息。这里用到 headers 参数，在这个参数中设置浏览器的内容。我们向网页发送请求时，传递 headers 参数。

参考程序如下：

```
import requests                    #先导入爬虫的库，不然调用不了爬虫的函数
response = requests.get( "http://www.zhihu.com")
print( "第一次，不设头部信息，状态码:"+response.status_code )#没写 headers，不能正
常爬取，状态码不是 200

#模拟浏览器进行爬取，更改了User-Agent 字段
headers = {
"User-Agent":"Mozilla/5.0"
```

```
}#设置头部信息，模拟浏览器
response = requests.get( "http://www.zhihu.com" , headers=headers )
print( response.status_code ) #200! 访问成功的状态码
print( response.text )
```

运行结果如下：

```
第一次，不设头部信息，状态码：403
200
Squeezed text(849 lines)
```

【实例 18-8】获取网页 http://www.gaosan.com/gaokao/241219.html 中的大学排名，将大学信息存入一个 csv 格式的文件中。

【分析】问题求解步骤如下：

① 打开网页 http://www.gaosan.com/gaokao/241219.html，大学排名存放在如图 18-1 所示的表格中。

1 2021中国大学排行榜500强

名次	学校名称	所在地区	综合得分	星级排名	办学层次
1	北京大学	北京	100.00	8★	世界一流大学
2	清华大学	北京	98.78	8★	世界一流大学
3	复旦大学	上海	82.14	8★	世界一流大学
4	浙江大学	浙江	81.98	8★	世界一流大学
5	南京大学	江苏	81.43	8★	世界一流大学
6	上海交通大学	上海	81.34	8★	世界一流大学
7	华中科技大学	湖北	80.49	7★	世界知名高水平大学
8	中国科学技术大学	安徽	80.44	8★	世界一流大学
9	中国人民大学	北京	80.41	8★	世界一流大学
10	天津大学	天津	80.38	7★	世界知名高水平大学
10	武汉大学	湖北	80.38	7★	世界知名高水平大学

图 18-1　部分大学排名信息

② 在网页空白处右击弹出快捷菜单，选择“网页源代码项”，打开图 18-2 所示页面。

```
src="http://img.gaosan.com/upload/201903/636884307959486489894l263.jpg" title="中国大学排名500强 全国最好大学排行榜" alt="中国大学排名500强 全国最
大学排行榜" width="610" height="405" border="0" vspace="0" style="width: 610px; height: 405px;"/></p><h2>2021中国大学排行榜500强</h2><table
border="1"><tbody><tr class="firstRow"><td>名次</td><td>学校名称</td><td>所在地区</td><td>综合得分</td><td>星级排名</td><td>办学层次</td></tr><tr>
<td>1</td><td>北京大学</td><td>北京</td><td>100.00</td><td>8★</td><td>世界一流大学</td></tr><tr><td>2</td><td>清华大学</td><td>北京</td>
<td>98.78</td><td>8★</td><td>世界一流大学</td></tr><tr><td>3</td><td style="word-break: break-all;">复旦大学</td><td>上海</td><td>82.14</td>
<td>8★</td><td>世界一流大学</td></tr><tr><td>4</td><td style="word-break: break-all;">浙江大学</td><td>浙江</td><td>81.98</td><td>8★</td><td>世界
一流大学</td></tr><tr><td>5</td><td style="word-break: break-all;">南京大学</td><td>江苏</td><td>81.43</td><td>8★</td><td>世界一流大学</td></tr>
<tr><td>6</td><td>上海交通大学</td><td>上海</td><td>81.34</td><td>8★</td><td>世界一流大学</td></tr><tr><td>7</td><td>华中科技大学</td><td>湖北</td
```

图 18-2　页面部分 HTML 代码

③ 观察 HTML 代码，可以看到，每一所大学的信息都标签<tr>…<\tr>中。大学的各项数据存放在标签<td>…<\td>中。

④ 首先编写函数 getHMLText(url)获取 HTML 代码内容。

参考代码如下：

```
def getHTMLText(url):
    try:
        myheaders={"user-agent":"Mozilla/5.0"}
        #设置访问网站为浏览器 Mozilla5.0
        r=requests.get(url,timeout=100,headers=myheaders)
```

```
        r.raise_for_status()
        #如果连接状态不是200，则抛出HTTPError异常
        r.encoding=r.apparent_encoding   #使返回的编码正常
        print("连接成功")
        return r.text
    except:
        print("连接异常")
            return ""
```

⑤ 获取 HTML 代码后，根据第③步的分析，获取表格中的数据。

参考代码如下：

```
#爬取资源
def get_contents(ulist,rurl):
    soup = BeautifulSoup(rurl,'html.parser')
    trs = soup.find_all('tr')
    for tr in trs:
        ui = []
        for td in tr:
            ui.append(td.string)
        ulist.append(ui)
```

在 get_contents(ulist,rurl)中使用 Beautiful Soup 库解析 HTML 数据，查找 tr 标签，获取每一所大学的信息，再遍历 tr 标签，获取每一所大学的每一项信息。

⑥ 保存数据，编写 save_contents()函数，将获取到的数据存入 CSV 文件中。

```
def save_contents(filename,urlist):
    with open(filename,'w',newline='') as f:  #创建csv的写文件对象
        writer = csv.writer(f)
        writer.writerows(urlist)
        #使用写文件对象csv_writer的writerow()方法写入行数据
```

完整程序如下：

```
from bs4 import BeautifulSoup
import requests
import csv

#获取URL的HTML内容
def getHTMLText(url):
    try:
        myheaders={"user-agent":"Mozilla/5.0"}
        #设置访问网站为浏览器Mozilla5.0
        r=requests.get(url,timeout=100,headers=myheaders)
        r.raise_for_status()
        #如果连接状态不是200，则引发HTTPError异常
        r.encoding=r.apparent_encoding
        #使返回的编码正常
        print("连接成功")
        return r.text
    except:
        print("连接异常")
        return ""

#爬取资源
def get_contents(ulist,rurl):
    soup = BeautifulSoup(rurl,'html.parser')
    trs = soup.find_all('tr')
```

```
    for tr in trs:
        ui = []
        for td in tr:
            ui.append(td.string)
        ulist.append(ui)

def save_contents(filename,urlist):
    with open(filename,'w',newline='') as f:
        writer = csv.writer(f)
        #创建csv的写文件对象csv_writer
        writer.writerows(urlist)
        #使用写文件对象csv_writer的writerow()方法写入行数据

#主函数
urlist = []
url="http://www.gaosan.com/gaokao/241219.html"
filename = "csvfile1.csv"
rs=getHTMLText(url)
get_contents(urlist,rs)
save_contents(filename,urlist)
```

【实例 18-9】获取网页中各个国家的电话区号、国家名称和国家名称英文缩写数据，将数据保存为 Excel 文件。网页地址：www.zhihu.com。

【分析】问题求解步骤如下：

① 使用 chrome 浏览器打开网页。

② 在网页空白处右击弹出快捷菜单，选择“检查”命令，或按【F12】键，打开“开发者选项”窗口，在窗口中选择“NETWORK”标签后，再按【F5】键刷新页面，获得加载数据。选择“Fetch/XHR”标签，在“name”列表框中单击每一项内容，在右侧查看“Preview”标签页的内容，如图 18-3 所示。

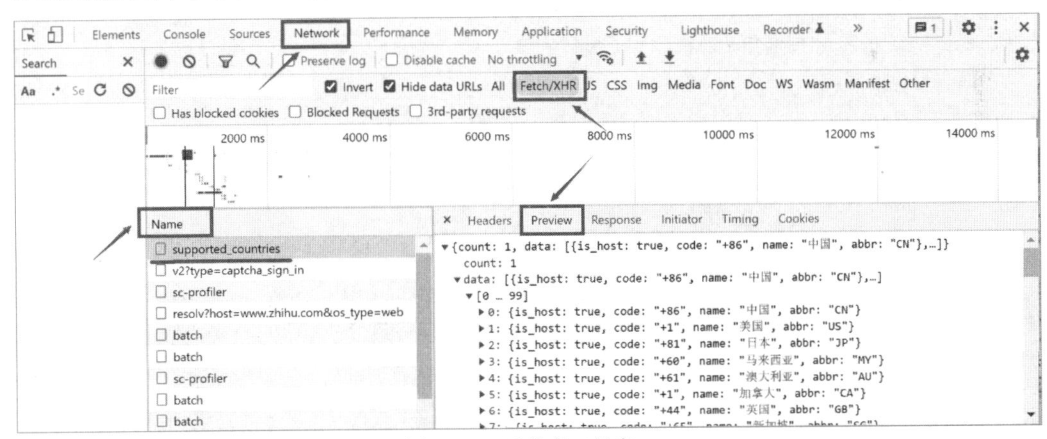

图 18-3　开发者工具窗口

③ 单击“Headers”标签，查看 Requests URL 项，值为 https://www.zhihu.com/api/v3/oauth/sms/supported_countries。

④ 首先加载需要的库及函数。

参考代码如下：

```
import requests
import pandas as pd
import json
from bs4 import BeautifulSoup
```

⑤ 将网页地址赋值给变量 url，构造头部信息 headers，模拟计算机及浏览器信息。

参考代码如下：

```
url = "https://www.zhihu.com/api/v3/oauth/sms/supported_countries"
headers = {
    "User-Agent":"Mozilla/5.0 (Windows NT 10.0; Win64; x64) AppleWebKit/537.36 (KHTML, like Gecko) Chrome/88.0.4324.150 Safari/537.36 Edg/88.0.705.68"
}
```

⑥ 利用 requests 库对网页发出请求，获取 text 值。

```
r = requests.get(url,headers=headers).text
```

⑦ 先将获得的字符串形式转换为字典格式。

```
dict_list = json.loads(r)
```

⑧ 将 data 对应的值取出，获得一个列表，这个列表就是国家信息列表。

```
country_list = dict_list['data']
```

⑨ 提取需要的数据。

```
# 提取国家名称
country_name = [i['name'] for i in country_list]
# 提取国家区号
country_code = [i['code'] for i in country_list]
# 提取国家英文缩写
country_abbr = [i['abbr'] for i in country_list]
```

⑩ 保存数据。这里使用了 pandas 库中的两个函数，DataFrame()函数用于构建数据表对象，并构建数据表结构。数据表对象的 to_excel()方法用于将数据保存为 Excel 文件。

```
data = pd.DataFrame({'国家':country_name,"区号":country_code,"英文缩写":country_abbr})
data.index += 1
data.to_excel('国家信息列表.xlsx')
```

完整程序如下：

```
import requests
import pandas as pd
import json
from bs4 import BeautifulSoup
url = "https://www.zhihu.com/api/v3/oauth/sms/supported_countries"
headers = {
    "User-Agent":"Mozilla/5.0 (Windows NT 10.0; Win64; x64) AppleWebKit/537.36 (KHTML, like Gecko) Chrome/88.0.4324.150 Safari/537.36 Edg/88.0.705.68"
}

r = requests.get(url,headers=headers).text
print(r)
#将字符串形式转换为字典格式
dict_list = json.loads(r)
country_list = dict_list['data']
#print(country_list)  #可用于观察数据信息
# 提取国家名称
country_name = [i['name'] for i in country_list]
```

```
    # 提取国家区号
    country_code = [i['code'] for i in country_list]

    # 提取国家英文缩写
    country_abbr = [i['abbr'] for i in country_list]

    data = pd.DataFrame({'国家':country_name,"区号":country_code,"英文缩写
":country_abbr})
    data.index += 1
    data.to_excel('国家信息列表.xlsx')
```

运行结果如图 18-4 所示。

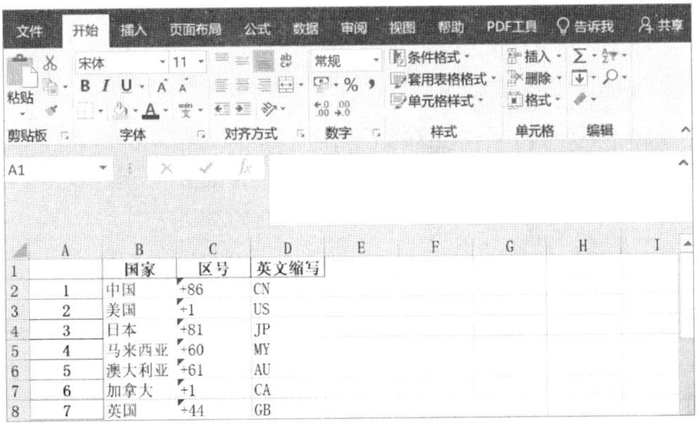

	A	B	C	D
1		国家	区号	英文缩写
2	1	中国	+86	CN
3	2	美国	+1	US
4	3	日本	+81	JP
5	4	马来西亚	+60	MY
6	5	澳大利亚	+61	AU
7	6	加拿大	+1	CA
8	7	英国	+44	GB

图 18-4 【实例 18-9】部分运行结果

五、实验作业

【作业 18】人民网是《人民日报》的网上信息发布平台，请抓取人民网 http://www.people.com.cn 首页网页信息中的滚动图片新闻的链接、新闻标题和新闻图片。

提示：首先打开人民网主页，在主页上右击弹出快捷菜单，选择“查看网页源代码”命令，观察 HTML 代码，找到对应的 HTML 代码，构建新闻标题、新闻链接和新闻图片的正则表达式，可以将新闻链接和标题存储在 CSV 文件中，将图片保存在计算机上。

网页源代码中滚动新闻图片、链接和标题的呈现特点是：

```
  <div class="swiper-slide"><a href="http://（新闻链接）.html" target=_blank>
<img src="/（新闻图片）.jpg"…/></a><span><a href="http://（新闻链接）.html"
target=_blank>（新闻标题）</a></span></div>。
```

其中新闻链接出现了两次。

实验 19

Python 科学计算与数据分析 «‹

一、实验目的

- 掌握 NumPy 中创建数组的方法。
- 掌握 NumPy 数组的索引和切片的使用方法。
- 掌握 NumPy 数组的算术运算和形状操作。
- 掌握 pandas 中的数据结构。
- 掌握 pandas 读取文件中数据的方法。
- 掌握 pandas 中数组的常用操作。

二、实验学时

2 学时。

三、实验预备知识

使用 NumPy 库，需要先安装它。最简单的安装方法是使用 pip 工具，语法格式如下：

```
pip install numpy
```

在 NumPy 中我们需要掌握的内容有以下几个方面：

1. NumPy 数组属性

NumPy 数组属性即 ndarray 对象属性，常用的对象属性见表 19-1。

表 19-1 ndarray 对象属性

属性	说　明
ndarray.ndim	秩，即轴的数量或维度的数量
ndarray.shape	数组的维度，对于矩阵，n 行 m 列
ndarray.size	数组元素的总个数，相当于 shape 中 n*m 的值
ndarray.dtype	ndarray 对象的元素类型
ndarray.itemsize	ndarray 对象中每个元素的大小，以字节为单位
ndarray.flags	ndarray 对象的内存信息
ndarray.real	ndarray 元素的实部
ndarray.imag	ndarray 元素的虚部
ndarray.data	包含实际数组元素的缓冲区，由于一般通过数组的索引获取元素，所以通常不需要使用这个属性

2. 数组的创建

（1）array 创建数组

NumPy 模块的 array()函数可以生成多维数组。每一个列表元素是一维的 ndarray 类型数组，作为二维数组的行。如果要生成一个二维数组，需要向 array()函数传递一个列表类型的参数。语法格式如下：

```
numpy.array(object,dtype=None,copy=True,order=None,subok=False,ndmin=0)
```

（2）arange 创建数组

使用 arange()函数创建数值范围并返回 ndarray 对象，函数格式如下：

```
numpy.arange(start,stop,step,dtype)
```

（3）随机数创建数组

```
numpy.random.random(size=None)
```

该方法返回[0.0,1.0)范围的随机数。

```
numpy.random.randint()
```

该方法有三个参数 low、high、size。默认 high 是 None，如果只有 low，那范围就是[0,low)。如果有 high，范围就是[low,high)。

randn()函数返回一个或一组样本，具有标准正态分布（期望为 0，方差为 1）。

（4）其他方式创建

① zeros 创建指定大小的数组，数组元素以 0 来填充，语法格式如下：

```
numpy.zeros(shape,dtype=float,order='C')
```

② numpy.ones 创建指定形状的数组，数组元素以 1 来填充，语法格式如下：

```
numpy.ones(shape,dtype=None,order='C')
```

③ numpy.empty 方法用来创建一个指定形状（shape）、数据类型（dtype）且未初始化的数组，里面的元素的值是之前内存的值，语法格式如下：

```
numpy.empty(shape,dtype=float,order='C')
```

④ linspace()函数用于创建一个一维数组，数组是由一个等差数列构成的，语法格式如下：

```
np.linspace(start,stop,num=50,endpoint=True,retstep=False,dtype=None)
```

⑤ numpy.logspace()函数用于创建一个等比数列。语法格式如下：

```
np.logspace(start,stop,num=50,endpoint=True,base=10.0,dtype=None)
```

3. 切片和索引

ndarray 数组可以基于 0~n 的下标进行索引，并设置 start、stop 及 step 参数，从原数组中切割出一个新数组。

4. 数组常用操作

（1）改变数组的维度

通过 reshape 方法可以将一维数组变成二维、三维或者多维数组。通过 ravel 方法或 flatten 方法可以将多维数组变成一维数组。改变数组的维度还可以直接设置 NumPy 数组的 shape 属性（元组类型），通过 resize 方法也可以改变数组的维度。

（2）数组的拼接

① 水平数组组合。通过 hstack()函数可以将两个或多个数组水平组合起来形成一个数组。组合后的数组在水平方向首尾连接起来，形成了一个新的数组。数组水平组合必须要满足一个条件，就是所有参与水平组合的数组的行数必须相同。

② 垂直数组组合。通过 vstack()函数可以将两个或多个数组垂直组合起来形成一个数组。组合后的数组在垂直方向首尾连接起来，形成了一个新的数组。

5. 数组的分隔

（1）split 分隔数组

numpy.split 函数沿特定的轴将数组分割为子数组，语法格式如下：

```
numpy.split(ary,indices_or_sections,axis)
```

（2）水平分隔数组

水平分隔数组与水平组合数组对应。水平组合数组是将两个或多个数组水平进行收尾相接，而水平分隔数组是将已经水平组合到一起的数组再分开，使用 hsplit()函数可以水平分隔数组。

（3）垂直分隔数组

垂直分隔数组是垂直组合数组的逆过程。垂直分隔数组是将已经垂直组合到一起的数组再分开。使用 vsplit 函数可以垂直分隔数组。

（4）数组转置

transpose()函数能够对二维数组进行转置操作。

6. 通用函数

通用函数（即 ufunc）是一种对 ndarray 中的数据执行元素级运算的函数。可以将其看作简单函数（接收一个或多个标量值，并产生一个或多个标量值）的矢量化包装器。其意义是可以像执行标量运算一样执行数组运算，本质是通过隐式的循环对各个位置依次进行标量运算。如 sqrt 和 exp 这些是一元 ufunc。另外一些接收二个数组的，称为二元 ufunc，结果返回一个数组，如 add 和 maximum。

7. 广播机制

广播机制是指执行 ufunc 方法（即对应位置元素 1 对 1 执行标量运算）时，可以确保在数组间形状不完全相同时也可以自动通过广播机制扩散到相同形状，进而执行相应的 ufunc 方法。

严格地说，广播机制仅适用于某一维度从 1 广播到 N。

在 pandas 中我们需要掌握的内容有：

1. 数据结构

pandas 核心数据结构有两种，即一维的 Series 和二维的 DataFrame。两者可以分别看作在 NumPy 一维数组和二维数组的基础上增加了相应的标签信息。

（1）Series

Series 是带标签的一维数组，所以还可以看作类字典结构：标签是 key，取值是 value。

① 创建Series。pandas使用Series()函数来创建 Series对象，通过这个对象可以调用相应的方法和属性，从而达到处理数据的目的。

```
>>import pandas as pd
>>s=pd.Series( data, index, dtype, copy)
```

可以使用数组、字典、标量值或者Python对象来创建Series对象。

② 访问Series。

位置索引访问：与ndarray和list相同，使用元素自身的下标进行访问。

索引标签访问:Series类似于固定大小的dict,把index中的索引标签当作key,而把 Series序列中的元素值当作value，然后通过index索引标签来访问或者修改元素值。

（2）DataFrame

DataFrame是一个表格型的数据结构,它含有一组有序的列,每列可以是不同的值类型(数值、字符串、布尔型值）。DataFrame既有行索引也有列索引，可以看作由Series组成的字典（共同用一个索引）。

DataFrame 构造方法如下：

```
pandas.DataFrame( data, index, columns, dtype, copy)
```

① 创建DataFrame：使用列表、ndarrays、字典、Series创建。

② 访问DataFrame：列索引操作DataFrame和行索引操作DataFrame。

2．数据读/写

pandas 提供了多种读取数据的方法：

- read_csv()：用于读取文本文件。
- read_json()：用于读取 JSON 文件。
- read_excel()：用于读取 Excel 表格中的数据。

（1）CSV文件

① 读取CSV 文件：read_csv()表示从CSV文件中读取数据，并创建DataFrame对象。

② 写入CSV 文件：pandas提供的 to_csv()函数用于将 DataFrame转换为CSV数据。如果想要把 CSV 数据写入文件，只需向函数传递一个文件对象即可。否则，CSV 数据将以字符串格式返回。

（2）Excel文件读/写

① 读取Excel表格中的数据：可以使用read_excel方法，得到一个DataFrame对象。

② 向Excel表格中写入数据:通过to_excel()函数可以将 DataFrame中的数据写入Excel 文件。

（3）JSON文件

JSON是存储和交换文本信息的语法，类似 XML，可以通过read_json()来读取文件。

3．数据处理

（1）数据清洗

数据处理中的清洗工作主要包括对空值、重复值和异常值的处理。

删除包含空字段的行，可以使用dropna()方法，语法格式如下：

```
DataFrame.dropna(axis=0,how='any',thresh=None, subset=None, inplace=False)
```

如果要修改源数据 DataFrame，可以使用 inplace=True 参数。如果要处理异常数据可以设置条件修改。

（2）数值计算

由于 pandas 是在 NumPy 的基础上实现的，所以 NumPy 的常用数值计算操作在 pandas 中也适用。

（3）数据转换

在处理特定值时可用 replace 对每个元素执行相同的操作，然而 replace 一般仅能用于简单的替换操作，所以 pandas 还提供了更为强大的数据转换方法 map，适用于 Series 对象，对给定序列中的每个值执行相同的映射操作。

（4）合并与拼接

pandas 中对多个 DataFrame 进行合并与拼接主要依赖以下函数：

concat：可通过一个 axis 参数设置是横向或者拼接，要求非拼接轴向标签唯一。

merge：仅支持横向拼接，通过设置连接字段，实现对同一记录的不同列信息连接，支持 inner、left、right 和 outer 这四种连接方式，但只能实现 SQL 中的等值连接。

join：语法和功能与 merge 一致，不同的是 merge 既可以用 pandas 接口调用，也可以用 DataFrame 对象接口调用，而 join 则只适用于 DataFrame 对象接口。

append，concat：执行 axis=0 时的一个简化接口，类似列表的 append()函数。

4．数据分析

（1）基本统计量

info：展示行标签、列标签及各列基本信息，包括元素个数和非空个数及数据类型等。

head/tail：从头/尾抽样指定条数记录。

describe：展示数据的基本统计指标，包括计数、均值、方差、4 分位数等，还可接收一个百分位参数列表展示更多信息。

count、value_counts：前者既适用于 Series 也适用于 DataFrame，用于按列统计个数，实现忽略空值后的计数；而 value_counts 则仅适用于 Series，执行分组统计，并默认按频数高低执行降序排列，在统计分析中很有用。

unique、nunique：也是仅适用于 Series 对象，统计唯一值信息，前者返回唯一值结果列表，后者返回唯一值个数（numberofunique）。

（2）分组聚合

groupby：类比 SQL 中的 groupby 功能，即按某一列或多列执行分组。

5．数据可视化

pandas 集成了 matplotlib 中的常用可视化图形接口，可通过 Series 和 DataFrame 两种数据结构面向对象的接口方式简单调用。

两种数据结构作图，区别仅在于 Series 是绘制单个图形，而 DataFrame 则是绘制一组图形，且在 DataFrame 绘图结果中以列名为标签自动添加 legend。另外，均支持两种形式的绘图接口。

plot 属性+相应绘图接口：如 plot.bar()用于绘制条形图。

plot()方法：通过传入 kind 参数选择相应绘图类型，如 plot(kind='bar')。

四、实验内容和要求

【实例 19-1】 用三种方法创建一个元素为从 10 到 49 的 ndarray 对象，并将 ndarray 对象的所有元素位置反转。

参考程序如下：

```
>>> import numpy as np
>>> np.random.randint(10,50,size=10)
array([16, 12, 34, 11, 23, 10, 17, 36, 16, 13])
>>> np.linspace(10,49,10)
array([10., 14.33333333, 18.66666667, 23. , 27.33333333,
       31.66666667, 36., 40.33333333, 44.66666667, 49.])
>>> a=np.arange(10,50)
>>> a
array([10, 11, 12, 13, 14, 15, 16, 17, 18, 19, 20, 21, 22, 23, 24, 25, 26, 27,
28, 29, 30, 31, 32, 33, 34, 35, 36, 37, 38, 39, 40, 41, 42, 43, 44, 45, 46, 47,
48, 49])
>>> a[::-1]
array([49, 48, 47, 46, 45, 44, 43, 42, 41, 40, 39, 38, 37, 36, 35, 34, 33, 32,
31, 30, 29, 28, 27, 26, 25, 24, 23, 22, 21, 20, 19, 18, 17, 16, 15, 14, 13, 12,
11, 10])
```

【实例 19-2】 使用 np.random.random 创建一个 10 × 10 的 ndarray 对象，并打印出最大最小元素。

参考程序如下：

```
>>> arr1=np.random.random(size=(10,10))
>>> arr1
array([[0.03564916, 0.29551617, 0.39951465, 0.89609046, 0.71413822,
        0.07271526, 0.47483397, 0.74976669, 0.12055173, 0.33432945],
       [0.30722291, 0.3613079 , 0.25206477, 0.29746752, 0.4652604 ,
        0.64640202, 0.38071964, 0.67161958, 0.8155761 , 0.77314962],
       [0.6943004 , 0.32765682, 0.1203527 , 0.21287507, 0.44711128,
        0.86365057, 0.12900397, 0.22908507, 0.92845013, 0.35317015],
       [0.9998216 , 0.64054322, 0.02318907, 0.50462229, 0.51165731,
        0.54812941, 0.07133617, 0.40155451, 0.46033682, 0.39378725],
       [0.17142948, 0.98875264, 0.49861407, 0.32785876, 0.96801351,
        0.55957479, 0.77401048, 0.93870965, 0.54257798, 0.97304957],
       [0.75542001, 0.02381251, 0.91904813, 0.45391372, 0.29180687,
        0.87572491, 0.3321638 , 0.82121097, 0.55074652, 0.50196829],
       [0.39139291, 0.78977159, 0.44012545, 0.45843976, 0.00439175,
        0.6572003 , 0.84543143, 0.98550996, 0.76564264, 0.35918763],
       [0.22158077, 0.88999084, 0.96413821, 0.91171674, 0.98950876,
        0.63025448, 0.74066651, 0.82580924, 0.09553272, 0.91603618],
       [0.16770898, 0.21663848, 0.74935465, 0.10004554, 0.67599256,
        0.88287493, 0.24281667, 0.56189661, 0.21001022, 0.19779291],
       [0.65248439, 0.81083145, 0.25404501, 0.59267302, 0.17058917,
        0.1059424 , 0.17968079, 0.35912482, 0.08016726, 0.23704917]])
```

```
>>> zmin=arr1.min()
>>> zmin
0.004391752034442531
>>> zmax=arr1.max()
>>> zmax
0.9998215999446624
```

【实例 19-3】矩阵的每一行的元素都减去该行的平均值。

【分析】先用随机函数产生一个 $m\times n$ 矩阵，然后求出每行平均值，并把它转化为一个 $m\times 1$ 矩阵。利用 NumPy 的广播机制进行矩阵减法运算，即可得到结果。

参考程序如下：

```
>>> arr1=np.random.randint(0,10,(3,3))
>>> arr1
array([[2, 2, 6],
       [1, 7, 3],
       [7, 9, 4]])
>>> arr1_mean=arr1.mean(axis=1).reshape(3,1)
>>> arr1_mean
array([[3.33333333],
       [3.66666667],
       [6.66666667]])
>>> arr1-arr1_mean
array([[-1.33333333, -1.33333333,  2.66666667],
       [-2.66666667,  3.33333333, -0.66666667],
```

【实例 19-4】利用 pandas 模块处理学生成绩。

已有素材：图 19-1 所示存储了学生成绩信息的 CSV 文件“stu_info.csv”。

图 19-1 stu_info.csv 文件内容

① 从数据源读取数据创建 DataFrame 对象，参考程序如下：

```
import pandas as pd
#读取 CSV 文件内容，设置编码格式为“gbk”
df=pd.read_csv("stu_info.csv",encoding="gbk")
print(df)
```

运行结果如下：

```
     姓名        班级  考试成绩  平时
0   邓千里  会计学19-01    86   49
```

```
1   李亚方   会计学19-01    79  84
2   卓静   会计学19-01    88  50
3   赵昕   会计学19-01    93  74
4   张瑜   会计学19-01    82  79
5   晏佳悦   会计学19-01    96  89
6   陈文童   会计学19-01    78  85
7   路萍怡   会计学19-02    88  67
8   郭琬颖   会计学19-02    92  83
9   郝戈怡   会计学19-02    76  80
10   李凤   会计学19-02    94  87
11  李天阳  公共管理19-01    96  81
12  李玉甜  公共管理19-01    98  91
13  张嘉欣  公共管理19-01    88  70
```

② 为pandas DataFrame对象增加“总分”列，参考程序如下：

```
df["总分"]=0.0 #试试将值改为0看看
for r in df.index:
    #总分列的值为考试成绩*0.6+平时*0.4
    df.at[r,"总分"]=sum(df.loc[r,["考试成绩"]]*0.6,df.loc[r,["平时"]]*0.4)
#rank()函数的应用：根据总分排名，并增加“排名”列
df['排名']=df['总分'].rank(ascending=False)
print(df)
```

运行结果如下：

```
      姓名          班级  考试成绩  平时    总分    排名
0   邓千里   会计学19-01    86  49  71.2  14.0
1   李亚方   会计学19-01    79  84  81.0   7.0
2    卓静   会计学19-01    88  50  72.8  13.0
3    赵昕   会计学19-01    93  74  85.4   6.0
4    张瑜   会计学19-01    82  79  80.8   9.0
5   晏佳悦   会计学19-01    96  89  93.2   2.0
6   陈文童   会计学19-01    78  85  80.8   9.0
7   路萍怡   会计学19-02    88  67  79.6  11.0
8   郭琬颖   会计学19-02    92  83  88.4   5.0
9   郝戈怡   会计学19-02    76  80  77.6  12.0
10   李凤   会计学19-02    94  87  91.2   3.0
11  李天阳  公共管理19-01    96  81  90.0   4.0
12  李玉甜  公共管理19-01    98  91  95.2   1.0
13  张嘉欣  公共管理19-01    88  70  80.8   9.0
```

③ 对pandas DataFrame对象排序sort_values()函数的应用：按照总分降序排列，参考程序如下：

```
df.sort_values("总分", ascending=False, inplace=True) #根据人数降序排序
print(df)
```

运行结果如下：

```
      姓名          班级  考试成绩  平时    总分    排名
12  李玉甜  公共管理19-01    98  91  95.2   1.0
5   晏佳悦   会计学19-01    96  89  93.2   2.0
10   李凤   会计学19-02    94  87  91.2   3.0
11  李天阳  公共管理19-01    96  81  90.0   4.0
8   郭琬颖   会计学19-02    92  83  88.4   5.0
```

```
3    赵昕    会计学 19-01    93  74  85.4   6.0
1   李亚方    会计学 19-01    79  84  81.0   7.0
4    张瑜    会计学 19-01    82  79  80.8   9.0
6   陈文童    会计学 19-01    78  85  80.8   9.0
13  张嘉欣  公共管理 19-01    88  70  80.8   9.0
7   路萍怡    会计学 19-02    88  67  79.6  11.0
9   郝戈怡    会计学 19-02    76  80  77.6  12.0
2    卓静    会计学 19-01    88  50  72.8  13.0
0   邓千里    会计学 19-01    86  49  71.2  14.0
```

④ 输出满足条件的数据可以通过设置筛选条件，输出满足条件的学生信息，参考程序如下：

```
print(df[df["姓名"]=="李亚方"])
print("*"*30)
print(df[(df["考试成绩"]>=80) | (df["平时"]>=80)])
print("*"*30)
print(df[(df["考试成绩"]>=80) & (df["平时"]>80)])
print("*"*30)
print(df[(df["总分"]>=80)].count())
```

运行结果如下：

```
    姓名         班级  考试成绩  平时     总分    排名
1  李亚方  会计学 19-01    79  84  81.0  7.0
******************************
     姓名           班级  考试成绩  平时     总分     排名
12  李玉甜  公共管理 19-01    98  91  95.2   1.0
5   晏佳悦    会计学 19-01    96  89  93.2   2.0
10   李凤    会计学 19-02    94  87  91.2   3.0
11  李天阳  公共管理 19-01    96  81  90.0   4.0
8   郭琬颖    会计学 19-02    92  83  88.4   5.0
3    赵昕    会计学 19-01    93  74  85.4   6.0
1   李亚方    会计学 19-01    79  84  81.0   7.0
4    张瑜    会计学 19-01    82  79  80.8   9.0
6   陈文童    会计学 19-01    78  85  80.8   9.0
13  张嘉欣  公共管理 19-01    88  70  80.8   9.0
7   路萍怡    会计学 19-02    88  67  79.6  11.0
9   郝戈怡    会计学 19-02    76  80  77.6  12.0
2    卓静    会计学 19-01    88  50  72.8  13.0
0   邓千里    会计学 19-01    86  49  71.2  14.0
******************************
     姓名           班级  考试成绩  平时     总分    排名
12  李玉甜  公共管理 19-01    98  91  95.2  1.0
5   晏佳悦    会计学 19-01    96  89  93.2  2.0
10   李凤    会计学 19-02    94  87  91.2  3.0
11  李天阳  公共管理 19-01    96  81  90.0  4.0
8   郭琬颖    会计学 19-02    92  83  88.4  5.0
******************************
姓名      10
班级      10
考试成绩    10
平时      10
```

```
总分        10
排名        10
dtype: int64
```

⑤ 对 pandas DataFrame 对象做分组和聚合操作。

groupby()函数的应用：将数据按“班级”分组，计算每个班级各有多少人，或计算各班平均分，参考程序如下：

```
class_df=df.groupby("班级").count() #按关键词分组计数
class_df.sort_values('姓名', ascending=False, inplace=True)
#根据人数降序排序
print(class_df)
print("#" * 50)        #将数据按“班级”分组，计算各班平均分
ave_df=df.groupby("班级").mean()
print(ave_df)
```

运行结果如下：

```
              姓名  考试成绩  平时  总分  排名
班级
会计学19-01     7      7    7    7    7
会计学19-02     4      4    4    4    4
公共管理19-01    3      3    3    3    3
##################################################
              考试成绩         平时          总分         排名
班级
会计学19-01    86.0   72.857143   80.742857   8.571429
会计学19-02    87.5   79.250000   84.200000   7.750000
公共管理19-01   94.0   80.666667   88.666667   4.666667
```

五、实验作业

【作业 19-1】创建一个 10×10 的 ndarray 对象，且矩阵边界全为 1，里面全为 0。

【作业 19-2】创建一个每一行元素都是 0～4 范围内整数的 5×5 矩阵。

【作业 19-3】以【实例 19-4】中数据为实验数据，输出每个班级考试成绩的中位数、最大值和最小值。

实验 20

数据可视化 «‹

一、实验目的

- 掌握 matplotlib 的基本方法和图表设置。
- 掌握条形图、散点图、折线图等的绘制方法。
- 掌握对数据文件中的数据可视化的方法。

二、实验学时

2 学时。

三、实验预备知识

matplotlib 是开源工具，可以从 http://matplotlib.sourceforge.net/免费下载。安装 matplotlib 之前先要安装 NumPy 库。matplotlib 的 Pyplot 子库提供了和 MATLAB 类似的绘图 API，方便用户快速绘图。

1. 使用 matplotlib.pyplot 模块绘图方法

（1）导入模块

语法格式如下：

```
import matplotlib.pyplot as plt
```

（2）调用 figure()创建一个绘图对象

语法格式如下：

```
plt.figure(figsize=(8,4))
```

创建一个 800×400 像素的一个绘图对象。

（3）通过调用 plot()函数在当前的绘图对象中进行绘图

创建 figure 对象后，调用 plot()函数在当前的 figure 对象中绘图。实际上 plot()是在 Axes（子图）对象上绘图。如果当前的 figure 对象中没有 Axes 对象，将会为之创建一个几乎充满整个图表的 Axes 对象，并且使此 Axes 对象成为当前的 Axes 对象。

（4）设置绘图对象的各个属性

xlabel、ylabel：分别设置 x 轴、y 轴的标题文字。

title：设置图的标题。

xlim、ylim：分别设置 x 轴、y 轴的显示范围。

legend()：显示图例，即图表中表示每条曲线的标签（label）和样式的矩形区域。

Pyplot 模块提供了一组读取和显示相关的函数，用于在绘图区域中增加显示内容及读入数据，见表 20-1。这些函数需要与其他函数搭配使用。

表 20-1 Pyplot 模块的读取和显示函数

函 数	功 能
plt.legend()	在绘图区域中放置绘图标签
plt.show()	显示创建的绘图对象
plt.matshow()	在窗口显示数组矩阵
plt.imshow()	在子图上显示图像
plt.imsave()	保存数组为图像文件
plt.imread()	从图像文件中读取数据

（5）清空 plt 绘图的内容

语法格式如下：

```
plt.cla()              #清空plt 绘图的内容
plt.close(0)           #关闭 0 号图
plt.close('all')       #关闭所有图
```

（6）图形保存和输出设置

可以调用 plt.savefig()将当前的 figure 对象保存成图像文件。图像格式由图像文件的扩展名决定。

语法格式如下：

```
plt.savefig("test.png",dpi=120)
#保存为文件名为"test.png"，像素为120dpi 的文件
```

matplotlib 中绘制完成图形之后通过 show()展示出来，还可以通过图形界面中的工具栏对其进行设置和保存。

（7）绘制多子图

可以使用 subplot()快速绘制包含多个子图的图表。它的调用形式如下：

```
subplot(numRows,numCols,plotNum)
```

subplot()将整个绘图区域等分为 numRows 行 × numCols 列个子区域，然后按照从左到右，从上到下的顺序对每个子区域进行编号，左上的子区域的编号为 1。plotNum 指定使用第几个子区域。

如果 numRows、numCols 和 plotNum 这三个数都小于 10，则可以把它们缩写为一个整数。如 subplot(452)和 subplot(4,5,2)是相同的。

subplot()返回它所创建的 Axes 对象，可以将它用变量保存起来，然后用 sca()交替让它们成为当前 Axes 对象，并调用 plot()在其中绘图。

（8）调节轴之间的间距和轴与边框之间的距离

当绘图对象中有多个轴的时候，可以通过工具栏中的 Configure Subplots 按钮，交互式地调节轴之间的间距和轴与边框之间的距离。

如果希望在程序中调节，则可以通过 subplots_adjust()函数，它有 left、right、bottom、top、wspace、hspace 等几个关键字参数进行调节。

（9）绘制多幅图表

如果需要同时绘制多幅图表，可以给 figure()传递一个整数参数指定 Figure 对象的序号，如果序号所指定的 Figure 对象已经存在，将不创建新的对象，而是让它成为当前的 Figure 对象。

（10）在图表中显示中文

matplotlib 的默认配置文件中所使用的字体无法正确显示中文。为了让图表能正常显示中文，在.py 文件头部加上如下内容：

```
plt.rcParams['font.sans-serif']=['SimHei'] #指定中文字体
plt.rcParams['axes.unicode_minus']=False
#解决保存图像是负号'-'显示为方块的问题
```

其中，“SimHei”表示黑体字。常用中文字体及其英文表示如下：

```
宋体 Simsun  黑体 SimHei  楷体 KaiTi  微软雅黑 Microsoft YaHei
隶书 LiSu 仿宋 FangSong 幼圆 YouYuan 华文宋体 STTong
华文黑体 STHeiti 苹果丽中黑 Apple :iGothic Medium
```

2. 绘制条形图、散点图、饼状图

matplotlib 是一个 Python 的绘图库。Pyplot 模块提供了 17 个用于绘制基础图表的常用函数，见表 20–2。

表 20-2　Pyplot 模块中绘制基础图表的常用函数

函　　数	功　　能
plt.plot(x,y,label,color,width)	根据 x、y 数组绘制点、直线或曲线
plt.boxplot(data,notch,position)	绘制一个箱型图
plt.bar(left,height,width,bottom)	绘制一条条形图
plt.barh(bottom,width,height,left)	绘制横向条形图
plt.polar(theta,r)	绘制极坐标图
plt.pie(data,explode)	绘制饼图
plt.psd(x,NFFT=256,pad_to,Fs)	绘制功率谱密度图
plt.specgram(x, NFFT=256,pad_to,Fs)	绘制谱图
plt.cohere(x, y,NFFT=256, Fs)	绘制 x–y 的相关性函数
plt.scatter(x,y)	绘制散点图（x,y 是长度相同的序列）
plt.step(x,y,where)	绘制步阶图
plt.hist(x,bins,normed)	绘制直方图
plt.contour(X,Y,Z,N)	绘制等值线
plt.vlines()	绘制垂直线
plt.stem(x,y,linefmt,markerfmt,basefmt)	绘制曲线每个点到水平轴线的垂线
plt.plot_date()	绘制数据日期
plt.plothle()	绘制数据后写入文件

Pyplot 模块提供了三个区域填充函数，对绘图区域填充颜色，见表 20-3。

表 20-3 Pyplot 模块的区域填充函数

函　　数	功　　能
fill(x,y,c,color)	填充多边形
fill_between(x,y1,y2,where,color)	填充两条曲线围成的多边形
fill_betweenx(y,x1,x2,where,hold)	填充两条水平线之间的区域

四、实验内容和要求

【实例 20-1】利用随机函数产生数据，绘制条形图。

【分析】条形图是用一个单位长度表示一定的数量，根据数量的多少画成长短不同的直条，然后把这些直条按一定的顺序排列起来。条形图的绘制通过 Pyplot 中的 bar( )或者 barh( )函数来实现。

参考程序如下：

```
import matplotlib.pyplot as plt
import numpy as np
#设置字体
plt.rcParams['font.sans-serif']=['SimHei']
y=[20,10,30,25]              #生成数据
x=np.arange(4)
plt.title("直方图")          #设置标题
plt.xlabel('x')
plt.ylabel('y')
plt.bar(x,height=y,width=0.6,color='green')  #设置颜色为绿色
plt.show()
```

输出结果如图 20-1 所示。

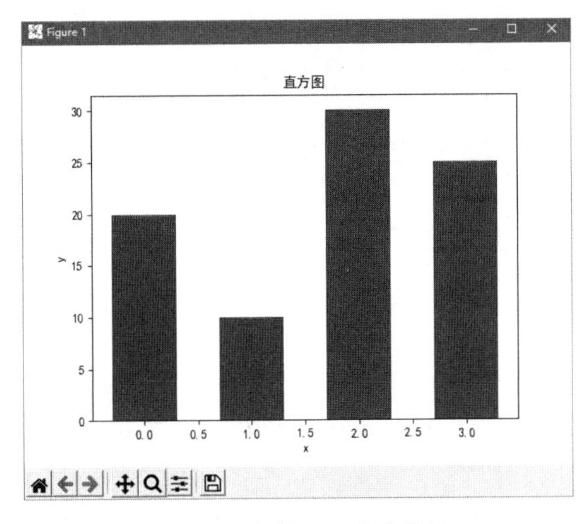

图 20-1 实例 20-1 输出结果

【实例 20-2】编写一个程序，使用第 18 章的 CSV 文件 stu_info.csv 中的数据，画出考试成绩和平时的柱状图。

参考程序如下：

```
import pandas as pd
import matplotlib.pyplot as plt
import numpy as np
plt.rcParams['font.sans-serif']=['SimHei']
#设置中文字体
df=pd.read_csv("stu_info.csv",encoding="gbk")
#读取文件
np1=np.array(df['平时'])                    #得到平时成绩列表
np2=np.array(df['考试成绩'])                #得到考试成绩列表
np3=np.array(df['姓名'])                    #得到姓名列表
x=np.arange(len(np3))                       #x 刻度标签位置
width=0.4                                   #柱子的宽度
plt.bar(x-width/2,np2,color='green',width=width,label='考试成绩')
plt.bar(x+width/2,np1,color='red',width=width,label='平时成绩')
plt.ylabel('成绩')                          #设置 y 轴标签
plt.title('学生成绩直方图')                 #设置标题
plt.xticks(x,labels=np3)                    #设置 x 轴标签数据
plt.legend()
plt.show()
```

输出结果如图 20-2 所示。

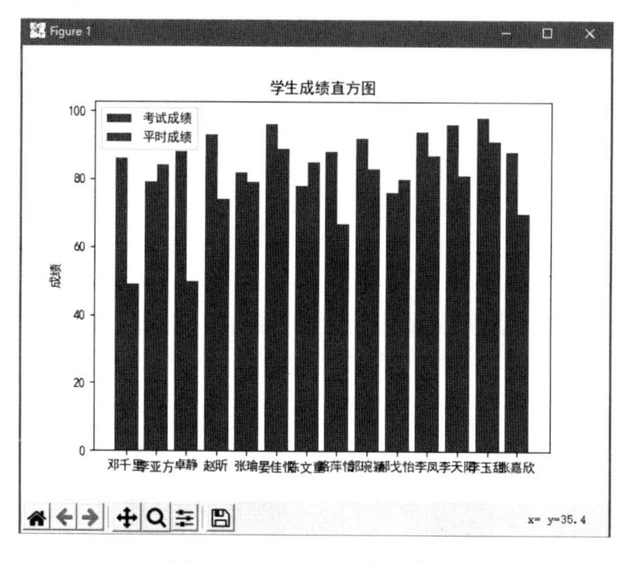

图 20-2　实例 20-2 输出结果

五、实验作业

【作业 20-1】 编写一个程序，使用第 18 章的 CSV 文件 stu_info.csv 中的数据，画出考试成绩和平时的折线图。

【作业 20-2】 编写一个程序，使用第 18 章的 CSV 文件 stu_info.csv 中的数据，分别画出考试成绩直方图和平时的散点图子图。

实验 21

综合实验 «‹

一、实验目的

- 掌握 requests 库的使用方法。
- 掌握 Excel 文件的读/写方法。
- 掌握使用 pandas 读取 Excel 文件的方法。
- 掌握 pandas DataFrame 对象的操作方法。
- 掌握 pandas 的数据可视化方法。
- 掌握 jieba 库的使用方法。
- 掌握 tkinter 库中常用组件使用方法。

二、实验学时

8 学时。

三、实验预备知识

综合实验是对前面所学知识的综合应用和扩展，本实验须复习以下知识内容。

1. 网络爬虫的使用

（1）页面分析

使用网络爬虫爬取网页数据，首先要对要爬取的网页内容进行分析，不同的网页数据的特点可能不同。我们最好能找到要爬取数据的位置。

（2）构建 headers 参数

根据网络反爬的特点，构建虚拟浏览器。一般的 headers 参数内容为：

```
headers={'user-agent': 'Mozilla/5.0 (Macintosh; Intel Mac OS X 10_15_7)
AppleWebKit/537.36 (KHTML, like Gecko) Chrome/87.0.4280.67 Safari/537.36'}
```

（3）使用 requests 库的 get()函数向目标网站发出请求，得到响应数据。代码如下：

```
resp=requests.get(url,headers=headers)
```

2. Excel 文件的读/写方式

（1）使用 openpyxl 库对 Excel 文件进行操作

```
wk=openpyxl.Workbook()      #创建工作簿对象
wk.save(filename)           #保存文件
```

（2）使用 pandas 库对 Excel 文件进行操作

① 读取 Excel 表格中的数据：可以使用 read_excel 方法，得到一个 DataFrame 对象。

② 向 Excel 表格中写入数据：通过 to_excel( )函数可以将 DataFrame 中的数据写入 Excel 文件。

3. pandas DataFrame 对象的操作方法

DataFrame 是一个表格型的数据结构，它含有一组有序的列，每列可以是不同的值类型（数值、字符串、布尔型值）。DataFrame 既有行索引也有列索引，它可以看作由 Series 组成的字典（共同用一个索引）。

可以使用列表、ndarrays、字典、Series 创建 DataFrame，使用列索引操作和行索引操作 DataFrame。

JSON 是存储和交换文本信息的语法，类似 XML，可以通过 read_json( )来读取文件。

4. jieba 库的使用方法

jieba，读“结巴”，中文为分词，是最好的 Python 中文分词组件。通过 import jieba 来引用。它支持三种分词模式：

① 精确模式，试图将句子最精确地切开，适合文本分析。

② 全模式，把句子中所有的可以成词的词语都扫描出来，速度非常快，但是不能解决歧义。

③ 搜索引擎模式，在精确模式的基础上，对长词再次切分，提高召回率，适合用于搜索引擎分词。

jieba.cut 方法接收三个输入参数：需要分词的字符串；cut_all 参数用来控制是否采用全模式；HMM 参数用来控制是否使用 HMM 模型。

jieba.cut_for_search 方法接收两个参数：需要分词的字符串；是否使用 HMM 模型。该方法适合用于搜索引擎构建倒排索引的分词，粒度比较细。

四、实验内容和要求

【实例 21-1】采集京东销售数据并做简单的数据分析和可视化。

1. 实验目的

随着移动支付的普及，电商网站不断涌现。由于电商网站产品太多，由用户产生的评论数据就更多了。本实例以京东为例，针对某一单品的评论数据进行数据采集，并且做简单数据分析与数据可视化。

2. 页面分析

这是某一手机页面的详情页，对应着手机的各种参数以及用户评论信息，页面 URL 是：https://item.jd.com/10022971060622.html#none。

页面内容如图 21-1 所示。然后通过分析找到评论数据对应的数据接口，如图 21-2 所示。它请求的 URL：

```
   https://club.jd.com/comment/productPageComments.action?callback=fetchJSON_
comment98&productId=10037121265290&score=0&sortType=5&page=0&pageSize=10&isSh
adowSku=0&fold=1
```

图 21-1　手机页面详情页

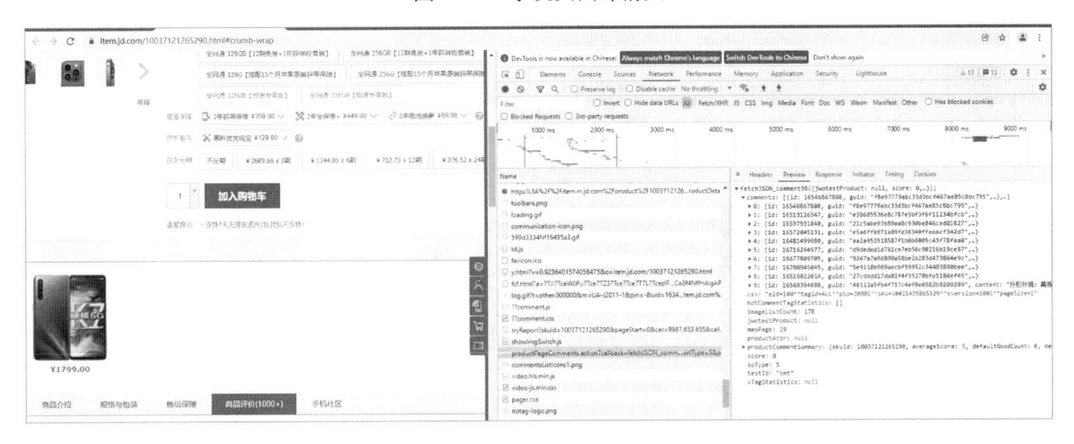

图 21-2　评论数据对应的数据接口

注意看到这两个关键参数：

① productId：每个商品有一个 id。

② page：对应的评论分页。

3. 解析数据

对评论数据的 url 发起请求：

```
https://club.jd.com/comment/productPageComments.action?callback=fetchJSON_comment98&productId=100037121265290&score=0&sortType=5&page=0&pageSize=10&isShadowSku=0&fold=1
```

打开 json 数据（我们的评论数据是以 json 形式与页面进行交互传输的），如图 21-3 所示。

图 21-3　json 数据内容

分析可知，评论 url 中对应十条评论数据，对于每一条评论数据，我们需要获取三条数据：contents、color、size。

4. 程序代码

（1）获取数据

① 导入相关库。

```
import  requests
import  json
import  time
import  openpyxl  #第三方模块，用于操作 Excel 文件
import random
```

② 获取评论数据。

```
def get_comments(productId,page):
    headers={
    'user-agent':  'Mozilla/5.0  (Macintosh;  Intel  Mac  OS  X  10_15_7)
AppleWebKit/537.36 (KHTML, like Gecko) Chrome/87.0.4280.67 Safari/537.36'}
    #模拟浏览器
    url='https://club.jd.com/comment/productPageComments.action?
    callback=fetchJSON_comment98&productId={0}&score=0&
    sortType=5&page={1}&pageSize=10&isShadowSku=0&
```

```
    fold=1'.format(productId,page) #商品id
    resp=requests.get(url,headers=headers)
    #模拟浏览器发送请求并获取响应结果
    #print(resp.text)  #响应结果进行显示输出
    s1=resp.text.replace('fetchJSON_comment98(','') #fetchJSON_comment98(
    s=s1.replace(');','')
    #将str类型的数据转成json格式的数据
    res=json.loads(s)
    #print(type(res))
    return res
```

③ 获取最大页数。

```
def get_max_page(productId):
    dic_data=get_comments(productId,0)
    #调用刚才写的函数，向服务器发送请求，获取字典数据
    return dic_data['maxPage']
```

④ 提取数据。

```
def get_info(productId):
    #调用函数获取商品的最大评论页数
    #max_page=get_max_page(productId)
    # max_page=10
    lst=[]  #用于存储提取到的商品数据
    for page in range(0,get_max_page(productId)):  #循环执行次数
        #获取每页的商品评论
        comments=get_comments(productId,page)
        comm_lst=comments['comments']
        #根据key获取value，根据comments获取到评论的列表（每页有10条评论）
        #遍历评论列表，分别获取每条评论的中的内容、颜色、鞋码
        for item in comm_lst:
            #每条评论又分别是一个字典，再继续根据key获取值
            content=item['content']       #获取评论中的内容
            color=item['productColor']    #获取评论中的颜色
            size=item['productSize']      #鞋码
            lst.append([content,color,size])
            #将每条评论的信息添加到列表中
        time.sleep(3)                     #延迟时间，防止程序执行速度太快，被封IP
save(lst)                                 #调用自己编写的函数，将列表中的数据进行存储
```

⑤ 用于将爬取到的数据存储到Excel中。

```
def save(lst):
    wk=openpyxl.Workbook()       #创建工作簿对象
    sheet=wk.active              #获取活动表
    #遍历列表，将列表中的数据添加到工作表中，列表中的一条数据，在Excel中是一行
    for item in lst:
    sheet.append(item)           #保存到磁盘上
    wk.save('销售数据.xlsx')
```

⑥ 运行程序。生成的Excel文件内容如图21-4所示。

```
if name  == 'main':
    productId='10029693009906' #单品id
    get_info(productId)
```

	A	B	C
1	京东的物流快递是真的快，30号中午12点下的单，31中午就收	远峰蓝色	全网通 256GB【搭配90天碎屏保障】
2	外形外观：非常喜欢非常好看 屏幕音效:好得不要不要的 拍照	远峰蓝色	全网通 128GB【原配20W闪充头套装】
3	外形外观：非常好看 屏幕音效：刚刚好 拍照效果：挺好的运行	远峰蓝色	全网通 256GB【搭配90天碎屏保障】
4	苹果13pro收到了,发货速度也很快,东西也齐全 、已经用了几	远峰蓝色	全网通 256GB【原配20W闪充头套装】
5	大爱啊！性价比超高，而且质感超强，颜色搭配堪称经典，屏	远峰蓝色	全网通 256GB【12期免息+1年碎屏险套装】
6	专门用了三天才来评价，先说发货一真快，京东物流，没有收到	银色	全网通 256GB【搭配90天碎屏保障】
7	王守义说的没错,十三果然香,一直用苹果手机,一代比一代强大	远峰蓝色	全网通 256GB【搭配90天碎屏保障】
8	物流发货速度很快，手机立马上手，体验感十足，价格实惠，	远峰蓝色	全网通 256GB【搭配90天碎屏保障】
9	反应速度很快,摄像头很有立体感,很喜欢,建议入手,快递两天	远峰蓝色	全网通 128GB【搭配90天碎屏保障】
10	外形外观:美观大方 拍照效果:像素极高 运行速度：极速运行	远峰蓝色	全网通 256GB【12期免息+1年碎屏险套装】
11	真不错,正品哦外形外观:真好,四方四正 屏幕音效：屏幕真清楚	远峰蓝色	全网通 128GB【搭配90天碎屏保障】
12	运行速度：很流畅刚收到货就去查了，原装正品未激活，不亏1	远峰蓝色	全网通 256GB【搭配90天碎屏保障】
13	手机收到了，很喜欢，音响超级好，服务态度也很好，总之非	远峰蓝色	全网通 256GB【搭配90天碎屏保障】
14	外形外观:很巴适 拍照效果:满意的一批 运行速度：一直很快	石墨色	全网通 256GB【搭配90天碎屏保障】
15	13 pro真香，本来想拍银色，整体美感很赞，商家也值得信懒，	石墨色	全网通 256GB【搭配90天碎屏保障】
16	手机收到了，用着超级棒，非常喜欢，反应速度也很快，拍照	金色	全网通 128GB【搭配90天碎屏保障】
17	京东物流很快，手机高颜值，一分钱一分货，非常喜欢，到货	远峰蓝色	全网通 256GB【搭配90天碎屏保障】
18	才用两天就会发热，差评	石墨色	全网通 128GB【搭配90天碎屏保障】
19	下单后第二天就收到了，非常好的手机，体验感非常好，客服	远峰蓝色	全网通 256GB【搭配90天碎屏保障】
20	水个字30字，货正，用起来手感与质感都相当不错。运行速度	远峰蓝色	全网通 256GB【搭配90天碎屏保障】
21	最新的苹果13 pro 终于到手,跟图片描述的一模一样,颜色也很	远峰蓝色	全网通 256GB【搭配90天碎屏保障】
22	快递2天就收到了，手机拿着很有分量，运行速度也极快，商家	金色	全网通 256GB【搭配90天碎屏保障】
23	哎呦不错哦 手机很快收到了，大小刚刚好，还赠送了手机壳	金色	全网通 256GB【原配20W闪充头套装】
24	终于拿到实物了 咨询很就才下单买的这家 现在拿到实物了真	远峰蓝色	全网通 256GB【搭配90天碎屏保障】
25	用了一个星期才来品价，手机用着不错，颜色也特别喜欢，很	远峰蓝色	全网通 256GB【搭配90天碎屏保障】
26	很开心的一次购物，商家还送了手机壳、防爆膜还送了碎屏宝，	远峰蓝色	全网通 256GB【搭配90天碎屏保障】
27	我买的远峰蓝,颜色也很好看手机是正品,下单隔天就送到,卖家	远峰蓝色	全网通 128GB【搭配90天碎屏保障】
28	等了一周终于到货了,蓝色看起来真的真的好好看	远峰蓝色	全网通 128GB【搭配90天碎屏保障】
29	宝贝收到，非常喜欢，拿在手上很分量，商家送了膜和手机壳	石墨色	全网通 256GB【原配20W闪充头套装】
30	非常nice，非常喜欢，运行流畅，颜值又高，就是匹配不到之	远峰蓝色	全网通 256GB【搭配90天碎屏保障】

图 21-4　Excel 文件内容

（2）数据处理

① 读取数据，清洗数据，统计各颜色手机评论数，进行可视化。

```
#导入相关库
import pandas as pd
import matplotlib.pyplot as plt
#这两行代码解决 plt 中文显示的问题
plt.rcParams['font.sans-serif']=['SimHei']
plt.rcParams['axes.unicode_minus']=False
#由于采集的时候没有设置表头，此处设置表头
data=pd.read_excel('./销售数据.xlsx', header=None, names=['comments','color',
'intro'] )
data['color'].replace("远峰蓝色","蓝色",inplace=True)
#数据清洗，去掉“远峰蓝色”中的“远峰”
m={}
for item in data['color']:
    if item in m:
        m[item]=m[item]+1        #统计各种颜色的手机的评论数
    else:
        m[item]=1                #设置当前颜色的评论数初始值为 1
#print(m)
```

② 手机颜色数量对比。

```
plt.bar(m.keys(),m.values())
plt.title('各种颜色手机数量对比')
plt.xlabel('颜色')
plt.ylabel('数量')
# 显示图例
plt.show()
```

生成的柱状图如图 21-5 所示。

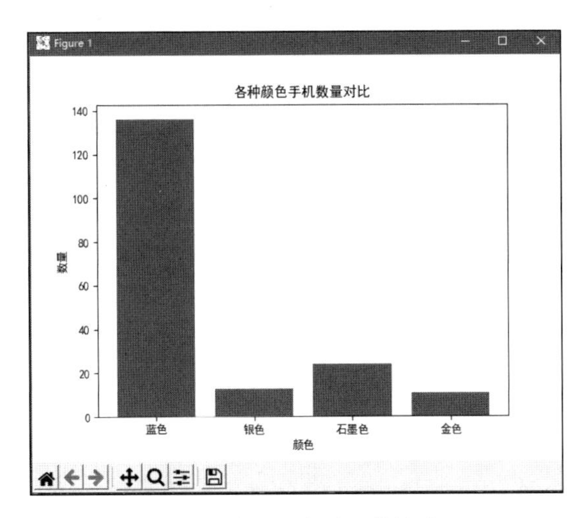

图 21-5　各种颜色手机数量对比

可以看出用户购买的手机蓝色的机型最多。

（3）评论词云展示

① 要提取评论数据，写入文本文件。

```
import pandas as pd
def strs(row):
    values="";
    for i in range(len(row)):
        if i==len(row)-1:
            values=values+str(row[i])
        else:
            values=values+str(row[i])
    return values
# 读取 Excel 文件
data=pd.read_excel("./销售数据.xlsx",names=['评论','颜色','型号'])
#读取 Excel 文件内容到二维数组，并添加标题
txtfile=open("data.txt", "a")      #文件读/写方式是追加
# 把评论内容逐行写入文本文件
for ronum in range(1, len(data['评论'])):
    row=data['评论'][ronum]    #只需要修改你要读取的列数-1
    values=strs(row)                #调用函数，将行数据拼接成字符串
    txtfile.writelines(values + "\n")  #将字符串写入新文件
txtfile.close()                     #关闭写入的文件
```

② 读出评论数据。

```
# 导入相应的库
import jieba
from PIL import Image
import numpy as np
from wordcloud import WordCloud
import matplotlib.pyplot as plt
text=open("./data.txt",encoding='gbk').read()
```

注意，这里我们不能使用 encoding='utf-8'，会报下面的错误。

```
> 'utf-8' codec can't decode byte 0xd3 in position 0: invalid continuation byte
```

所以我们需要改成 gbk。

③ 评论数据进行文本处理。

```
#导入文本数据并进行简单的文本处理
#去掉换行符和空格
text=text.replace('\n',"").replace("\u3000","")
#分词，返回结果为词的列表
text_cut=jieba.lcut(text)
#将分好的词用某个符号分割开连成字符串
text_cut=' '.join(text_cut)
word_list=jieba.cut(text)
#去掉长度小于 2 的词
word_list=[w for w in word_list if len(w)>1]
space_word_list=' '.join(word_list)
print(space_word_list)
```

④ 词云展示。

```
#调用包 PIL 中的 open 方法，读取图片文件，通过 NumPy 中的 array 方法生成数组
mask_pic=np.array(Image.open("./xin.png"))
#设置心形背景图片（图片可在网上下载，存到当前目录下，文件名改为 xin.png 即可）
word=WordCloud(
    font_path='C:/Windows/Fonts/simfang.ttf',  #设置字体，本机的字体
    mask=mask_pic,                             #设置背景图片
    background_color='white',                  #设置背景颜色
    max_font_size=150,                         #设置字体最大值
    max_words=2000,                            #设置最大显示字数
    stopwords={'的'}                           #设置停用词，停用词则不在词云途中表示
     ).generate(space_word_list)
image=word.to_image()
word.to_file('2.png')                          #保存图片
image.show()
```

最后得到的效果图，如图 21-6 所示。

图 21-6　生成词云效果图

【实例 21-2】中国大学排行榜数据分析。

1．实验目的

① 首先编写爬虫程序，从“高三网”网站爬取中国大学排行榜数据。

② 爬取的数据进行处理补全缺失数据和数据清洗。

③ 对处理后的数据进行数据统计和分析。

④ 对统计和分析结果进行可视化。

⑤ 利用可视化界面把各部分操作内容进行封装，生成一个完整的系统。

2．页面分析

这是“高三网”2021年中国大学排名500强的页面，包括整个表格数据。页面URL是：http://www.gaosan.com/gaokao/241219.html。页面内容如图21–7所示。通过分析找到表格数据对应的网页位置如图21–8所示。

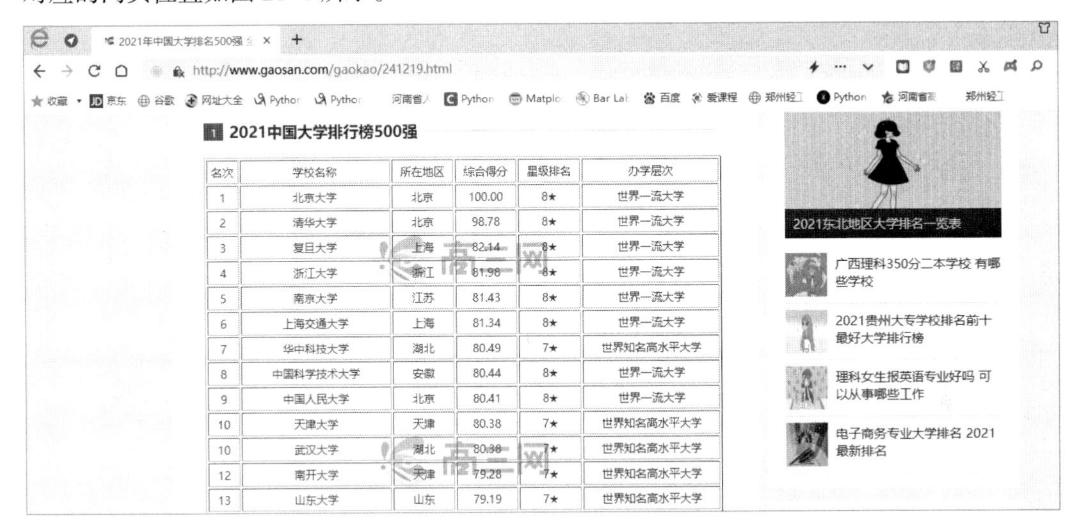

名次	学校名称	所在地区	综合得分	星级排名	办学层次
1	北京大学	北京	100.00	8★	世界一流大学
2	清华大学	北京	98.78	8★	世界一流大学
3	复旦大学	上海	82.14	8★	世界一流大学
4	浙江大学	浙江	81.98	8★	世界一流大学
5	南京大学	江苏	81.43	8★	世界一流大学
6	上海交通大学	上海	81.34	8★	世界一流大学
7	华中科技大学	湖北	80.49	7★	世界知名高水平大学
8	中国科学技术大学	安徽	80.44	8★	世界一流大学
9	中国人民大学	北京	80.41	8★	世界一流大学
10	天津大学	天津	80.38	7★	世界知名高水平大学
10	武汉大学	湖北	80.38	7★	世界知名高水平大学
12	南开大学	天津	79.28	7★	世界知名高水平大学
13	山东大学	山东	79.19	7★	世界知名高水平大学

图21–7　2021年中国大学排名500强的页面

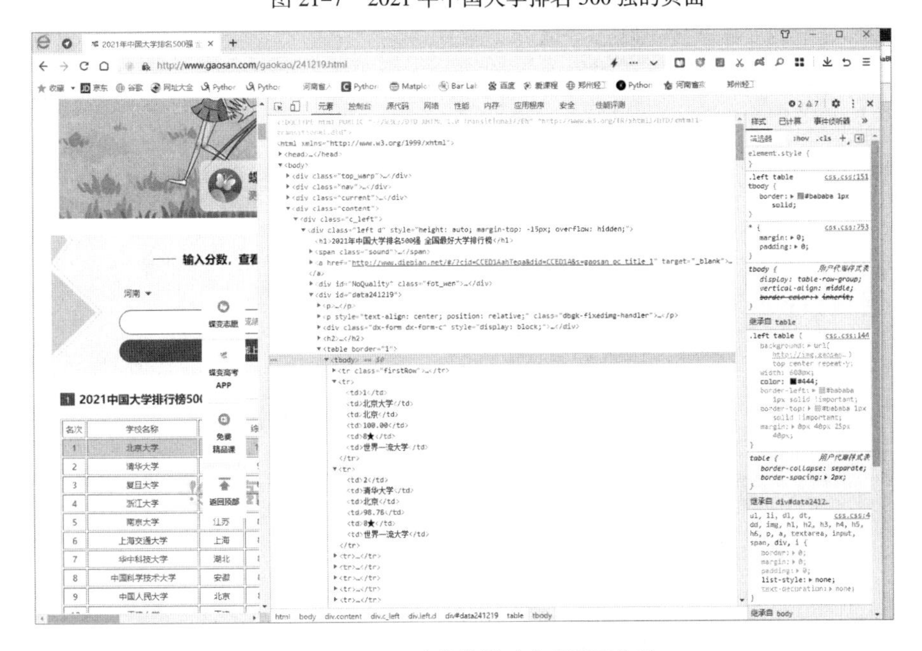

图21–8　表格数据对应的网页位置

3. 程序代码

（1）制作主窗体，设置程序功能，对应文件名为 main.py

① 导入相关库和文件。

```
import tkinter as tk
from tkinter import ttk
import getData
import dataPress
import figureView
import dataStatis
import info
from tkinter.messagebox import *
```

② 定义按钮事件函数。

```
def do1():
    getData.do_scrip(root)
def do2():
    dataPress.datapress()
def do3():
    dataStatis.data_statis()
def do4():
    figureView.figure_view(root)
def do5():
    info.dataInfo(databox)
```

③ 创建主窗体，放置功能按钮和数据网格。

```
root = tk.Tk()
root.title('综合实验')  #设置窗体标题
root.geometry('800x600+500+200')   #设置窗体大小和位置
label1=tk.Label(root,text='中国大学排行榜数据统计与可视化',font=('黑体',20),
fg='blue')            #创建标签对象
label1.place(x=260, y=50)     #放置标签对象
title=['1','2','3','4','5','6']
databox=ttk.Treeview(root,columns=title,show='headings')
#创建Treeview对象
databox.place(x=200, y=100, width=550, height=400)
bt1 = tk.Button(root, text='数据爬取',command=do1) #创建按钮对象
bt2 = tk.Button(root, text='读文件数据处理',command=do2)
bt3 = tk.Button(root, text='数据统计',command=do3)
bt4 = tk.Button(root, text='数据可视化',command=do4)
bt5 = tk.Button(root, text='显示前10名学校信息',command=do5)
bt1.place(x=50, y=100, width=100, height=60)  #放置按钮对象
bt2.place(x=50, y=200, width=100, height=60)
bt3.place(x=50, y=300, width=100, height=60)
bt4.place(x=50, y=400, width=100, height=60)
bt5.place(x=400, y=500, width=150, height=60)

root.mainloop()
```

④ 运行后显示主界面如图 21-9 所示。

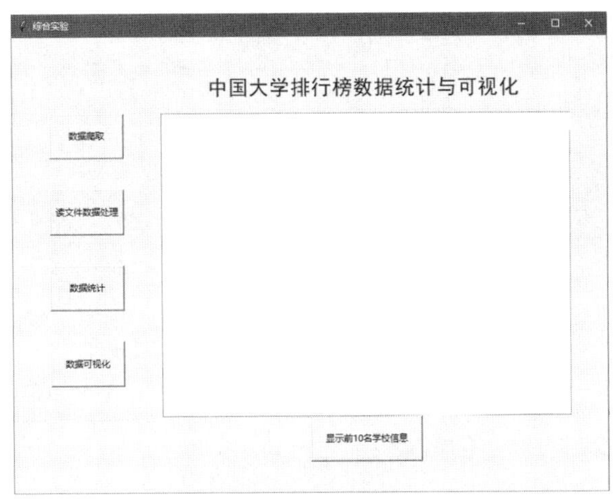

图 21-9　程序主界面

（2）获取数据，对应文件名为 getData.py

① 导入相关库。

```
from bs4 import BeautifulSoup
import requests
import csv
import tkinter as tk
```

② 模拟浏览器，获取网页数据。

```
def getHTMLText(url):
    try:
        myheaders={"user-agent":"Mozilla/5.0"}
        #设置访问网站为浏览器 Mozilla 5.0
        r=requests.get(url,timeout=100,headers=myheaders)
        r.raise_for_status()          #如果连接状态不是 200，则引发 HTTPError 异常
        r.encoding=r.apparent_encoding #使返回的编码正常
        return r.text
    except:
        return ""
```

③ 解析网页结构，获取表格数据。

```
def get_contents(ulist,rurl):
    soup = BeautifulSoup(rurl,'html.parser')
    trs = soup.find_all('tr')
    for tr in trs:
        ui = []
        for td in tr:
            ui.append(td.string)
        ulist.append(ui)
```

④ 保存表格数据为 CSV 文件。

```
def save_contents(filename,urlist):
    with open(filename,'w',newline='') as f:
        # 使用 open()函数写方式打开文件，不用 newline=''，写入每行后会有一个空行，
encoding 如果为'utf-8'，用 Excel 打开会出现乱码
        writer = csv.writer(f)          #创建 csv 的写文件对象 csv_writer
```

```
        writer.writerows(urlist)
        #使用写文件对象 csv_writer 的 writerow()方法写入行数据
```

⑤ 调用各函数完成获取数据功能。

```
urlist = []
url="http://www.gaosan.com/gaokao/241219.html"
filename = "csvfile1.csv"
rs=['']
def do1():
    rs[0] = getHTMLText(url)
    if rs[0]!='':
        tk.messagebox.showinfo('标题','获取网页正常! ')
def do2():
    get_contents(urlist,rs[0])
    if urlist!='':
        tk.messagebox.showinfo('标题','获取表格数据正常! ')
def do3():
    save_contents(filename,urlist)
    tk.messagebox.showinfo('标题','保存文件成功! ')
```

⑥ 制作子窗体，放置按钮控件，设置按钮事件，完成程序功能。

```
def do_scrip(root1):
    top1 = tk.Toplevel(root1)
    top1.title('数据爬取窗体')
    top1.transient(root1)  # 窗口只置顶 root 之上
    top1.geometry('500x500+500+300')
    bt1 = tk.Button(top1, text='获取网页内容', command=do1)
    bt2 = tk.Button(top1, text='获取表格数据', command=do2)
    bt3 = tk.Button(top1, text='保存表格数据', command=do3)

    bt1.place(x=50, y=50, width=100, height=60)
    bt2.place(x=50, y=150, width=100, height=60)
    bt3.place(x=50, y=250, width=100, height=60)
```

⑦ 单击主界面“数据爬取”按钮，运行结果如图 21-10 所示。

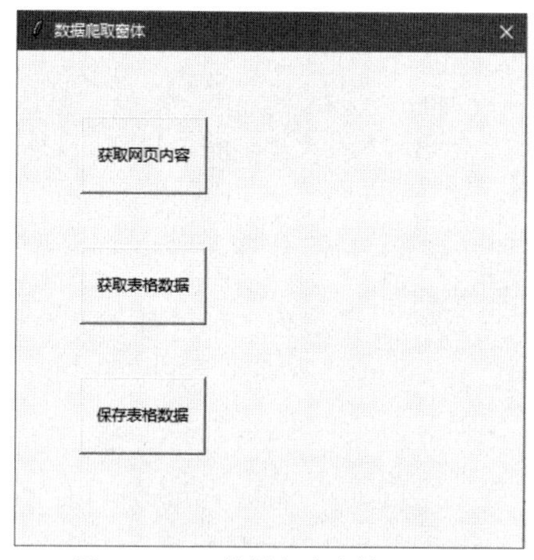

图 21-10 “数据爬取窗体”界面

依次单击“数据爬取窗体”界面上的三个按钮，运行结果如图 21-11 ~ 图 21-13 所示。

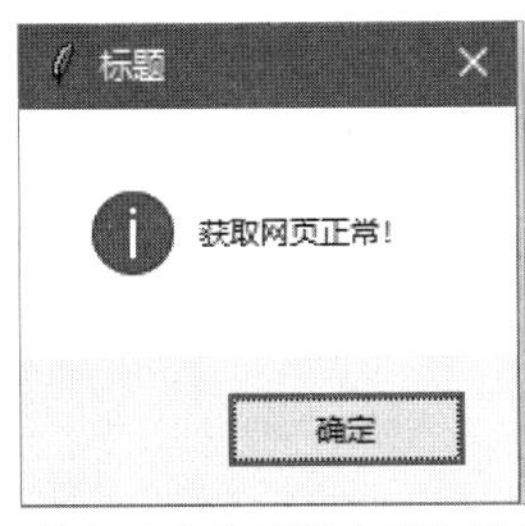

图 21-11 单击“获取网页内容”按钮运行结果

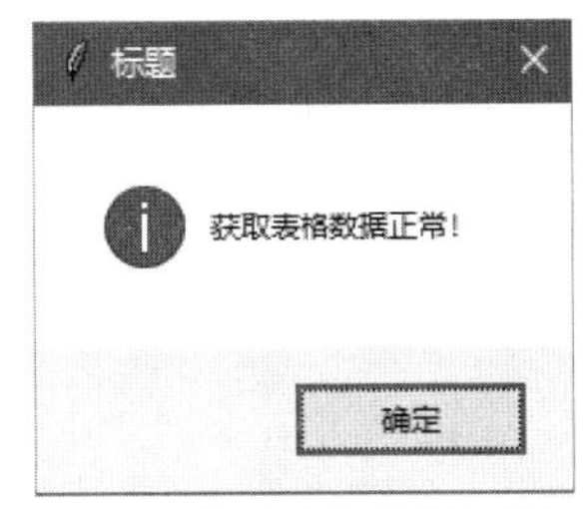

图 21-12 单击“获取表格数据”按钮运行结果

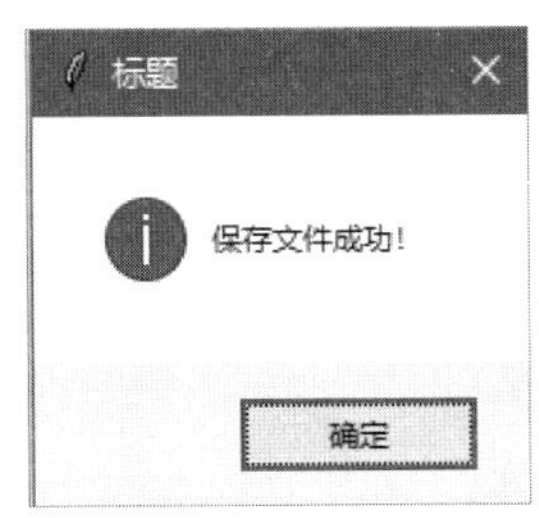

图 21-13 单击“保存表格数据”按钮运行结果

（3）数据处理，对应文件名为 dataPress.py

① 导入库。

```
import pandas as pd
import numpy as np
import tkinter as tk
```

② 定义 datapress 函数，包括数据处理和保存数据。

```
def datapress():
    filename=r'csvfile1.csv'
    #df=pd.read_csv(filename,encoding='ansi',header=None,names=column,index_col=
'排名')
    df=pd.read_csv(filename,encoding='ansi')
    #数据处理，去掉'星级排名'列的'★'
    df['星级排名']=df['星级排名'].str.replace('★','').astype("int32")
    #把综合得分中的空格转换为空值 NaN
    df['综合得分']=df['综合得分'].apply(lambda x:np.NAN if str(x).isspace() else
x)
    dict1={}
    #删除有空值的行
    df1=df.dropna()

    #生成字典，获取各名次的得分
    dict1=df1[['名次','综合得分']].set_index('名次').to_dict(orient='dict')['
综合得分']
    m=''
    for i in range(1,len(df)):
        if pd.isnull(df['综合得分'][i]):
            m=dict1.get(int(df['名次'][i]),60)
            df.loc[i,'综合得分']=m    #补全缺失值为同名次对应值
    #保存数据到 CSV 文件
    df.to_csv('处理后数据1.csv',encoding='ansi',index=0) #index=0 不保存行索引
```

```
    tk.messagebox.showinfo('保存文件', '文件: 处理后数据 1.csv 保存成功! ')
```

③ 单击主界面“读文件数据处理”按钮，运行结果如图 21–14 所示。

（4）数据统计，对应文件名为 dataStatis.py

① 导入库。

```
import pandas as pd
import numpy as np
import matplotlib.pyplot as plt
import tkinter as tk
```

② 定义 data_statis()函数，实现数据统计和图表生成。

```
def data_statis():
    plt.rcParams['font.sans-serif']=['SimHei']
    plt.rcParams['font.family']='sans-serif'  #设置字体样式
    fig=plt.figure(figsize=(8,5))  # 生成一张 8*5 的图
    filename=r'处理后数据 1.csv'
    #读 CSV 文件
    df=pd.read_csv(filename,encoding='ansi',index_col='名次')
    #按地区统计各地区的学校个数并可视化
    schoolCount=df.groupby('所在地区').count()
    schoolCount['学校名称'].plot(kind='bar')
    plt.savefig('tu1.png')
    # 按办学层次统计各层次的学校个数并可视化
    schoolCount = df.groupby('办学层次').count()
    print(schoolCount)
    schoolCount['学校名称'].plot(kind='pie')
    plt.savefig('tu2.png')
    tk.messagebox.showinfo('保存文件', '文件: 统计后图片文件保存成功! ')
```

③ 单击主界面中的“数据统计”按钮，运行结果如图 21–15 所示。

图 21–14　单击“读文件数据处理”按钮运行结果

图 21–15　单击“数据统计”按钮运行结果

（5）在窗体上显示图表，对应文件为 figureView.py

① 导入库。

```
import tkinter as tk
from tkinter.messagebox import *
```

② 设置标签的图片显示参数。

```
def setImg(label_img,img_png):
    label_img.configure(image=img_png)
    label_img.image=img_png
    #设置标签的图片参数
```

③ 定义 figure_view()函数，在窗体上显示图表。

```
def figure_view(root1):
    top1 = tk.Toplevel(root1)    #创建子窗体对象
    top1.title('数据可视化窗体')
    top1.transient(root1)        #窗口只置顶 root 之上
    top1.geometry('800x600+500+200')
    img1=tk.PhotoImage(file=r'tu1.png')
    img2=tk.PhotoImage(file=r'tu2.png')
    label_img = tk.Label(top1)    #创建标签对象
    label_img.place(x=5, y=15)
    def do_setImg1():
        setImg(label_img,img1)
    def do_setImg2():
        setImg(label_img,img2)
    but0 = tk.Button(top1, text="按地区统计", command= do_setImg1)
    but0.pack()
    but1 = tk.Button(top1, text="按办学层次统计", command= do_setImg2)
    but1.pack()
```

④ 单击主界面“数据可视化”按钮，运行结果如图 21-16 所示。

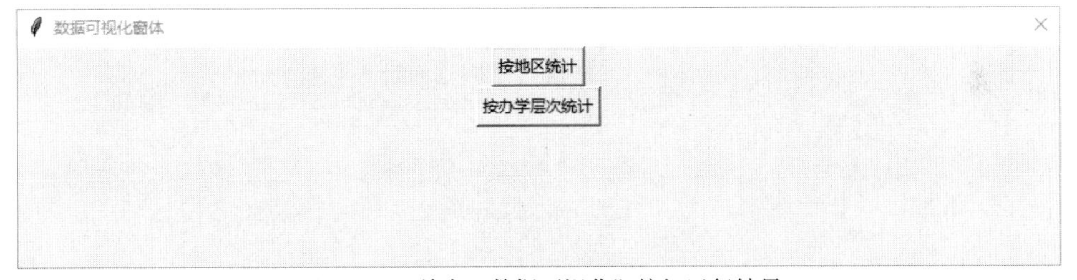

图 21-16　单击“数据可视化”按钮运行结果

单击窗体上“按地区统计”按钮，运行结果如图 21-17 所示。

单击窗体上“按办学层次统计”按钮，运行结果如图 21-18 所示。

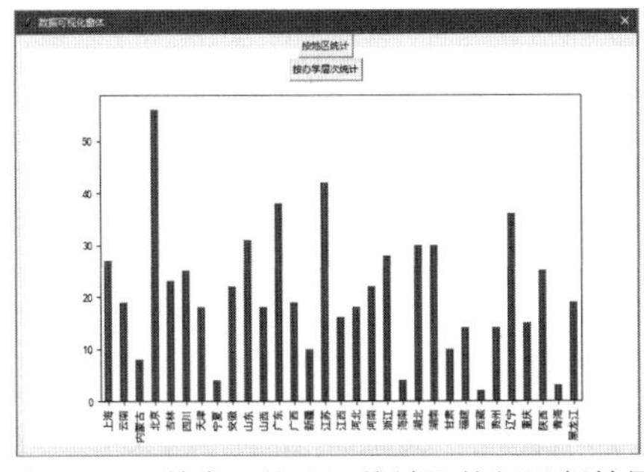

图 21-17　单击“按地区统计”按钮运行结果

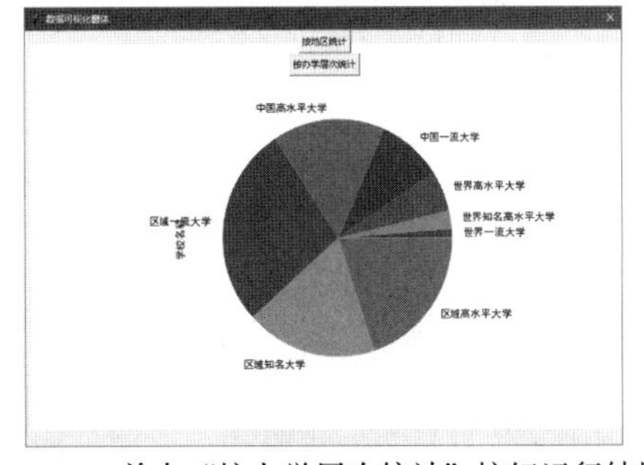

图 21-18　单击“按办学层次统计”按钮运行结果

（6）在 Treeview 控件中显示数据，对应文件为 info.py。

① 导入库。

```
import tkinter as tk
from tkinter import ttk
import pandas as pd
from tkinter.messagebox import *
```

② 定义 dataInfo()函数，在 Treeview 控件中显示数据。

```
def dataInfo(databox):
    filename=r'处理后数据 1.csv'
    df=pd.read_csv(filename,encoding='ansi')
    df1=df.head(10) #显示前十名高校信息

    df1_rows=df1.to_numpy().tolist()
    title=['1','2','3','4','5','6']
    column=['名次','学校名称','所在区域','综合得分','星级排名','办学层次']
    for col in title:
        databox.column(col,width=90,anchor='center')
    i=0
    for colu in column:
        databox.heading(title[i],text=colu)
        i+=1
    for row in df1_rows:
        databox.insert('','end',values=row)
```

③ 单击主界面“显示前 10 名学校信息”按钮，运行结果如图 21-19 所示。

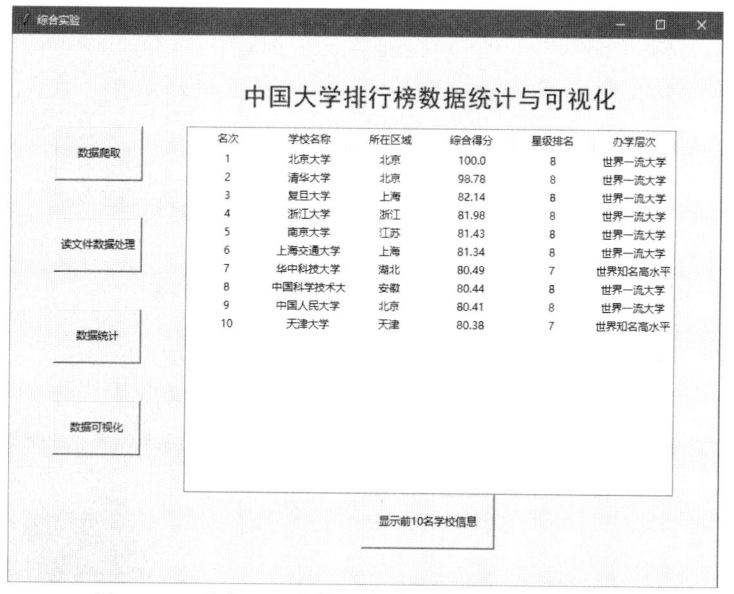

图 21-19　单击“显示前 10 名学校信息”按钮运行结果

五、实验作业

【作业 21】编程爬取某小说网站的数据（如名称、作者、类型、人气、简介），统计不同类型小说占比，分析小说热度排行，并可视化。对小说简介进行词云图展示。

参考文献

[1] 教育部高等学校大学计算机课程教学指导委员会．高等学校计算机基础核心课程教学实施方案[M]．北京：高等教育出版社，2011.

[2] 中国工程教育专业认证协会秘书处. 工程教育认证工作指南[Z]. 中国工程教育专业认证协会秘书处，2015.

[3] 教育部高等学校大学计算机课程教学指导委员会．大学计算机基础课程教学基本要求[M]．北京：高等教育出版社，2016.

[4] 大学计算机基础教育改革理论研究与课程方案项目课题组．大学计算机基础教育改革理论研究与课程方案[M]．北京：中国铁道出版社，2014.

[5] 嵩天，礼欣，黄天羽．Python 语言程序设计基础[M]．北京：高等教育出版社，2014.

[6] 陈明．Python 程序设计[M]．北京：中国铁道出版社有限公司，2021.

[7] 张俊红．Python 数据分析[M]．北京：电子工业出版社，2019.

[8] 嵩天．全国计算机等级考试二级教程：Python 程序设计[M]．北京：高等教育出版社，2020.

[9] 范传辉．Python 爬虫开发与项目实战[M]．北京：机械工业出版社，2017.

[10] 亚历克斯，路易斯．Python 深度学习应用[M]．高凯，吴林芳，李娇娥，等译．北京：清华大学出版社，2020.

[11] 斯维加特．Python 编程快速上手：让繁琐工作自动化[M]．王海鹏，译．北京：人民邮电出版社，2021.

[12] 马瑟斯．Python 编程从入门到实践[M]．袁国忠，译．北京：人民邮电出版社，2021.

[13] 董付国．Python 程序设计基础与应用[M]．北京：机械工业出版社，2019.

[14] 乔海燕，周晓聪．Python 程序设计基础：程序设计三步法[M]．北京：清华大学出版社，2021.

[15] 陈秀玲，田荣明，冉涌，等．Python 边做边学：微课视频版[M]．北京：清华大学出版社，2021.

[16] 黑马程序员．Python 程序设计开发案例教程[M]．北京：中国铁道出版社有限公司，2019.